提高情商的100种方法

简单高效的高情商训练课

【畅销2版】

白丽洁◎著

中国法制出版社
CHINA LEGAL PUBLISHING HOUSE

幸福的秘密

关于“幸福的秘密”是一个绝大多数人都感兴趣的话题。在开启“幸福的秘密”之前，我们很遗憾但又不得不承认一个事实：很多人都觉得自己不幸福。网上曾经流传这样一段话：“身无分文时不快乐，腰缠万贯后也不快乐；被人使唤时不快乐，使唤别人后仍然不快乐；当学生时不快乐，打工挣钱后还是不快乐；在国内不快乐，折腾到国外后同样不快乐。一句话，活得太累。”这段话道出了许多人的心声，也道出了一个人们自以为不幸福的原因：活得太累。真的是这样吗？从表面上看，这似乎真的是答案，但是看完接下来这个故事，你可能会对自己的判断产生怀疑。

一对头发已经花白的退休夫妻，每年都会一起出门旅游。这年，他们又一次出门旅游。两人的年纪都不小了，老爷爷的腿还有点不利索，因此走到哪里大家都会看到这对老夫妻手牵着手，非常恩爱。老爷爷负责背着旅行用的行李，老奶奶负责照顾老爷爷。在景区里，老爷爷会耐心地给老奶奶拍照，给她解释导游说的话。这些情景看在别人的眼里，都羡慕不已，大家都认为这对老夫妻过得真幸福，就连导游都忍不住称赞他们是“幸福拍档”。然而面对众人的羡慕，这对老夫妻却很淡定，什么也没说，或许他们对这种称赞已经习以为常了吧。

后来，一个小小的意外终于让他们不“淡定”了：老奶奶走丢了！原来在自由活动期间，老奶奶想去对面山上的寺院参观，而老爷爷实在走不动了，两人就约定老爷爷先回集合的地方，老奶奶和别的团友一起去对面山上游玩。结果集合的时间到了，和老奶奶一起去的团友也陆陆续续回来了，只有老奶奶没回来。老爷爷非常着急，电话一个接着一个地打，如果不是别人劝阻，他甚至想返回去找老奶奶。最后，在导游和其他团友的协助下，老奶奶终于归队了。这时，意想不到的事情发生了：老爷爷趁人不注意开始数落起老奶奶，虽然声音并不是很大，但是看得出来老奶奶还是觉得很委屈，她难过得就差没有掉下眼泪来。后来，二人索性谁也不理谁了。原先洋溢在两人之间的幸福似乎也随着老奶奶的一场意外走失而“走丢”了。

再后来，一位和老奶奶相熟的团友忍不住“爆料”说，其实他们两人并不像别人眼中看到的那样幸福。老爷爷性格比较强势，无论是在家还是在两人独处的时候都没少“欺负”老奶奶，出门在外，他也是因为自己腿脚不好，怕走丢了才时时拉着老奶奶的……

原来，别人眼中的幸福也有可能只是一种“假象”。

看完这个故事我们会发现，不是所有的事情都像表面看到的那样简单。说到底，幸福或者不幸福，关键在于自己的心态，在于自己如何对待生活中那些“幸福”或者“不幸福”的事情。然而，无论是好心态还是对待外界事物的方式，其养成都与我们的情商——一种体察和认识并控制自身情绪的能力有关。换言之，幸福是一种主观的体验和感觉，而这种感觉的获得需要人们情商能力的支持。

除体察、认识和控制自身的情绪之外，情商也被看作一种情绪智力（英文缩写为EQ），它包含了人在情绪、情感、意志、耐受挫折等方面的品质。美国哈佛大学心理学教授、情商研究专家丹尼尔·戈尔曼在他的著作《情感智商》中说：“情商高者，能清醒地了解并把握自己的情感，敏锐地感受并有效反馈他人情绪的变化，在生活各个层面占尽优势。”显然，这样的优势能让人们在生活中更容易和自己以及他人友好相处，也更容易感受到生活中善的一面，而这些正是构成幸福的源泉。

因此，我们也可以说，情商与幸福密不可分。

与受先天因素影响较大的智商相比较，人与人之间的情商并无太大的先天差别，更多在于后天的培养。正因如此，提高情商也就成了一件重要并且有意义的事情。本书从情商的五个方面——了解自我、管理自我、自我激励、识别他人情绪与处理人际关系入手，分六个章节为读者提供了100种提高情商的方法。这些方法涉及我们生活的方方面面，看似简单却实用性极强。每一种方法都由一个精选的情商小故事与情商提升方法构成，用故事启迪我们思考，用方法为我们情商的提高提供实实在在的指引与帮助。希望本书可以对大家的生活有所助益。

目录 CONTENTS

Chapter 1

自我认知篇：学会认识自己的情绪

我是一个什么样的人

驴天生就是用来拉磨或驮东西的，可是山上寺院里的那头驴并不这么认为。它每天在磨坊里辛苦地拉磨，日复一日，厌烦极了。这样的生活既枯燥，又平淡，驴就想，要是什么时候自己能够出去看看外面的世界就好了。

机会很快就来了。一天，一位僧人需要去山下驮点东西，便让驴与他同行。驴很兴奋，终于可以出去见见世面了。到了山下，僧人将东西放到驴背上，然后又驱驴返回山上。奇怪的是，当他们返回时，路上的行人一看到驴便虔诚地跪在地上，对它顶礼膜拜。

驴很疑惑，也很惶恐，它看到人们对自己叩拜，慌忙躲闪。慢慢地，驴看到一路上遇到的人都是如此，它也就见怪不怪了。驴的内心有点飘飘然，它没有想到山下的人竟然如此崇拜它。再后来，遇到人群时，驴直接趾高气扬地停在路中央，心安理得地享受人们的叩拜。驴就这样一路风光地回到了山上。

回到山上后，驴认为自己身份高贵，怎么也不肯拉磨了。僧人见状，无奈放驴下山。

驴刚走下山，远远地看到一伙人敲锣打鼓地迎面而来，心想这一定是人们在迎接它。于是，驴大摇大摆地站在路中央，等待着那伙人的到来。等那伙人走近，原来是一支迎亲的队伍。迎亲队伍被一头驴挡住了去路，人们心里不悦便驱赶它，驴子不解，人们更加反感，开始棍棒伺候。这下驴怕了，仓皇逃跑。

无处可去的驴逃回了寺院，气愤地对僧人说："人心最是险恶！我第一次下山时人们对我顶礼膜拜，但是今天却对我棍棒相加。"驴越想越气，一口气没提上来竟然气死了。

看着驴的尸体，僧人叹息道："真是一头蠢驴，那天人们跪拜的不过是你背上驮的佛像啊。"

人生最大的不幸，就是像故事中的驴一样一辈子都无法认清自己。

尼采曾经说过："聪明的人只要能认识自己，便什么也不会失去。"然而，对许多人而言，认识自己却是一个非常陌生的命题，人们既不去关注它，也很少去解答它。人无法认识自己，便不会相信自己，也不能够发掘和发挥自己的潜能。因此，正确认识自己不仅是开启自信人生的前提，也是我们提高情商的第一课。

心理学家曾经做过一个测试：请说出自己的十个优点和十个缺点，并记录下各自所用的时间。这个看似非常简单的测试却难倒了许多人，一个、两个优缺点人们似乎很容易想到，但是十个可就伤脑筋了。由此可见，自己对自己而言很多时候都是个熟悉的陌生人。那么，我们应该如何认识自己呢？

1. 我们需要了解自己。了解自己的长处和不足，也就是优缺点；了解自身所处的位置；了解自己的内心需求等。在此，我们需要注意的是，每个人都在不断地成长，不断地改变，所以在了解自己时也需要考虑自身的变化；再者，每个人了解自己的途径有很多种，除了通过自我观察和归纳总结之外，还可以借助外界的力量，如别人的评价，从事某项工作时的表现等。

2. 我们要认识自己的气质和性格。气质作为人的心理特征之一，有着较强的稳定性，同时也具有一定的可塑性。人们认识了自己的气质类型，就能更好地认识自己的心理活动，合理地发挥其作用。关于气质的类型，传统上将其分为胆汁质、多血质、黏液质和抑郁质四个类型，每个类型都有自己独特的表现和适合从事的工作。发现自己的气质类型，人们就更容易挖掘出自身的潜力，发挥特长；和气质一样，每个人的性格也是不一样的。性格是在生理因素、主观因素和客观因素的相互作用和影响下形成的，对一个人的行为方式有着主导性的影响。认识自己的性格类型，能让自己的行为变得更加理性。

世界上没有两片完全相同的叶子，人也一样。只有弄清楚“我是一个什么样的人”，才能够正确地定位自己，自信地去迎接人生的机遇和挑战，带给自己和他人更多的快乐。

与真实的自己同行

当她走在大街上，如果人们不看她的穿着，多半会以为这只是个普通的中年妇人而已。如果没有奇迹的发生，她原本也应该是个普通的中年妇人，甚至会过得很糟糕。她出生在美国南部一个贫穷的黑人家庭，住在低矮且散发着一阵阵恶臭的屋子里，过着没有水也没有电的生活，只有一个还算是疼她的外婆。外婆识字不多，她用自己的方法教外孙女认字。6岁的时候她回到了自己的亲生母亲身边。她的到来让母亲十分不满，也许是因为她过于柔弱，过于卑微，以致常常成为亲戚们嘲弄和虐待的对象；也许是因为看到她，母亲就想到了那个负心汉（她的父亲）。总而言之，母亲很快就开始对她不闻不问，她就像是一株生长在旷野上的野草，孤独而又无助。这样的她很快便开始自暴自弃，和一群坏孩子一起抽烟、吸毒、喝酒、爆粗口，14岁的时候她生下了一个早产的婴儿。这样的她更加令母亲嫌弃，在送少年管教所也不行的情况下，忍无可忍的母亲想到了一个办法：把她丢给她的父亲。

她的亲生父亲和继母都是非常严厉的人，他们绝不允许她像以前那样自我放纵。继母命令她每周必须背会20个单词，否则不许吃饭；父亲给她制定了一个严格的教育大纲，每周都有大量的书要读并且还要写读书报告。父亲对她说过一句话：“有些人让事情发生，有些人看着事情发生，有些人连发生了什么事情都不知道。”于她而言，她的整个童年几乎都是在黑暗中度过的，而父亲的这句话就像是一盏明灯，突然照亮了她的心灵。她时常会反省：自己究竟是其中的哪一种人？她很清楚，自己想成为那种主动“让事情发生”的人。尽管她的过去有些糟糕，但是并非一无是处，她看过许多书，还很会说话，这些都是她的优点，不是吗？

认清自己之后，她迅速行动起来，主动报名参加了学校的戏剧俱乐部并积极参加各种演讲比赛，后来她在演讲比赛中获了大奖，得到了1000美元奖学金。“原来只靠嘴巴也可以赚钱”，这样的想法和经验大大地激励了她，她开始朝着“脱口秀”的方向努力。最终，她的努力换来了一家电视台老板的青睐，以年薪23万美元的工资聘请她做脱口秀主持人。成为主持人一个月后，她的节目收视率名列全台首位。她的脱口秀受到了许多人，尤其是家庭主妇们的喜欢，后来她又开了一档读书节目，在她的节目中推荐的新书总是能够迅速成为畅销书；她名下的一本杂志，尽管每期封面都是她这个中年胖妇人，内容有大约八成是广告，但还是吸引了200多万名读者……

她简直是一个为奇迹而生的女人。《纽约时报》曾经这样评价她：“这名女子今年50岁，既黑且胖，其貌不扬，庸俗、市井还粗鄙，但是有生气。”她就是美国著名主持人、演员，当今世界上最具影响力的女人之一——奥普拉·温弗瑞，一个创造奇迹并书写“两生花”般人生经历的黑人女性。

温弗瑞用自己的传奇经历告诉人们：每个人都可以成为理想中的自己，但前提是你必须面对真实的自己。我们可以不优秀，甚至是很糟糕，但这就是真实的自己。与真实的自己同行，意味着对自己生命的接纳与认可，只有这样才能够让生命由内而外迸发出一种活力——《纽约时报》如此评论温弗瑞的“生气”，也只有这样才能够更加自信地面对他人，真正用心去感受自己和他人的喜怒哀乐，创造属于自己的奇迹人生。

事实上，在每个人的潜意识中都有一个“理想自我”。和不完美、经常被嫌弃的真实自我相比，理想自我是完美的，是被接纳和认可的。但即使这样，我们还是要勇敢地面对真实的自我，因为不立足于真实自我的理想，自我再美好也只能是幻想，对真实自我的背离只会让人更容易陷入一种“被抛弃”的失败感，尽管那个最先抛弃我们的人其实是我们自己；也只有勇敢面对真实自我，才能够看到它与理想自我之间的差距，从而通过努力缩小二者之间的差距。而这正是情商高的一种体现。美国心理学家卡尔·罗杰斯曾经在他的研究中将情商高的人解释为“一个能够让情感充分发挥作用的人”，他还提出“理想自我和真实自我之间的差距越小，意味着这个人的情商越高”。

勇敢面对真实的自我，与真实的自我同行，意味着对自身的接纳与认可，是自信心的一种表现，也是情商的基础。要做到与真实的自我同行，我们可以从以下几个方面努力尝试。

1. 我们需要无条件地接纳自己，认可自己的存在价值。有一位哲学家曾经说过“存在即合理”，人也是一样。无论优点还是缺点，都是我们存在的一部分，也都有自身存在的价值。真正的自信源于内心对自我无条件的爱，只有这样才算是做到了真正的自我接纳。

2. 我们需要重建与自己的关系。作为一个社会人，我们从出生开始就十分重视与周围人的关系，我们“习惯性”地去“讨好”他人，在与他人的关系中构建安全感，与此同时形成依赖感。这种依赖感让我们丧失了自我的独立性，成了“别人心目中的自己”，从而远离了真实的自我。但是随着年龄的增长，我们完全有能力不再依赖他人，我们可以做自己的“父母”“朋友”等，去接替这些原本对自我造成影响的角色，去支持“自己”做真正的自己。只有懂得尊重自己的人，才能获得他人的尊重，也才能真正懂得尊重他人。

3. 在更多的时候，我们需要给自己一个机会。在生活中，我们有时会因为曾经的一个失败经历或内心的一种对“我不行”的担忧而否定自己，这种否定不仅会削弱我们自身的存在价值，也会让我们越来越嫌弃真实的自己。想要改变这种情况，我们只需要多给自己一个机会。多给自己一个机会，认真地去做，就会发现“原来我也可以”。千万别小看这句简单的话，它对建立自信、重新认识自己和周围人都有着重要而非凡的意义。

重视自己的第六感

A公司的会议室中，以董事长为首的集团领导和公司中层正在向前来视察的王副市长一行汇报工作。会议是以座谈会的形式召开的，副市长很亲切，因此大家都像往常一样，一坐下来就开始吞云吐雾。董事长自己也是老烟民，对此状况早已习以为常，所以大家一开始抽烟他就打开了窗户。不过董事长很快发现了问题：今天外面下雪了，天气很冷，而且冷空气进来的同时外面嘈杂的声音也传了进来。如果关上窗户呢？也不行，他担心这种呛人的空气会让副市长不满，影响他们的情绪。究竟关还是不关呢？董事长左右为难。他当然不能去请示王副市长。因为他知道即使问了也是白问，王副市长一定会说："随便，都可以。"

正在董事长为难之际，原本坐在他旁边做会议记录的秘书小张站了起来，只见她走到窗户边上，做出欲关窗户的样子。她的举动马上引起了王副市长的注意，他对小张说道："不要关，就让它开着吧。"小张也心领神会地回答道："好的，开着透透气。"听到王副市长和秘书小张的对话，董事长的眉头舒展开了，其他正在抽烟的人也不好意思地掐灭了手上的烟头，董事长在心里默默地对秘书小张竖起了大拇指。

原来，秘书小张在做会议记录的时候注意到了董事长的心不在焉，"第六感"告诉她董事长一定遇到了一件现在必须去做但是又很为难的事情。看看亲切温和的王副市长，再看看这烟雾弥漫的会议室，小张很快明白了董事长的为难之处，她决定自己去做一回"恶人"，于是就有了关窗户的举动。

事后，董事长不断地在其他领导面前夸赞秘书小张情商高，而秘书小张也顺理成章地被升了职。小张除了情商高，更重要的是她拥有敏锐的第六感，能够及时发现问题并妥善地加以解决。

第六感是一个人们经常挂在嘴边的词语。生活中，我们常常将一些无法解释清楚的事情，尤其是感觉统归于第六感。比如，在某件事情发生之前的一种强烈预感、梦境后来又发生在现实生活中、别人还未开口说话就已经知道他要说什么了等，以上事件发生的普遍性从某种程度上证实了“第六感”的存在和神奇。

为了证实第六感的存在以及对人类生活的好处，心理学家做了许多相关的研究。加拿大心理学家罗纳德·任辛科曾经做过一个实验，在实验中，他发现有些人在所看到的景象没有发生变化之前就已经察觉到了它即将发生变化，虽然他们并不能确定这种变化是什么，但是直觉告诉他们这些景象马上（甚至是已经，这取决于他们感受能力的高低）要发生变化。任辛科将这种直觉能力（即我们平时所说的“第六感”）命名为“心智直观”，并且认为它并非单独工作，而是和其他感觉共同发挥作用，有时候还发挥预警系统的作用；美国《纽约时报》的专栏作家戈尔曼也认为第六感是存在的，它是人类进化过程中的一种直觉，存在于潜意识当中，具有多种情绪的综合特征，一旦遇到和相应情绪对照的不合理场景，它就会立刻做出反应，驱动着人们产生相应的情绪反应。可以这么说，正是因为有了第六感的存在，人们才有机会提前一步感受到未来的情绪，在真正激发这种情绪产生的场景出现时，能够更加迅速、及时、合理地做出适当反应并采取行动。

第六感的出现，不仅使我们对自己的情绪感受更加深刻，更有利于认识自己，同时也因为情绪感受力的不断增强，使我们对处于同样场景下的他人更容易感同身受，无形中提高了察觉和领会他人情绪变化的能力。久而久之，这种原本只存在于潜意识层面的直觉能力便慢慢地浮现到了意识层面，进入我们可以掌控的范围之内。这正是提高情商的目的所在，而我们则培养了一种有益于自己的情商能力，即摆脱坏情绪影响的能力。

因此当第六感产生时，千万不要轻易否定它，也不要忽略它，它可能正是我们心情的精确表现。重视它，你会发现我们的情商也在无形中得到了锻炼和提高。

为自己找一面镜子

一天，森林里发生了一场大战，许多动物四处逃散，流离失所。

一只猫爸爸在竭尽全力带着自己的孩子们逃跑时，突然发现路边有一只很可爱的小动物，它小小的，甚至看不出属于哪个种类。猫爸爸出于怜悯就把它也带上一起逃命。它们逃啊逃，终于逃到了一个相对安全的地方。当它们坐下来喘气的时候，猫爸爸突然发现那只捡来的小动物和它们长得好像，猫仔们开始变得很兴奋，它们又多了一个玩伴，多了一个可以欺负的对象，因为它看起来是那么的小，它就这样被默认成最小的，大家给它取名“小家伙”。

时间一天天过去了，小家伙每天跟着这群猫仔进进出出，一起吃猫粮、睡猫床，到处闲逛。小家伙长得很酷，和其他猫仔不一样的是，它十分喜欢照镜子。尽管它的许多行为和猫仔很像——事实上，它的一切行为都是其他猫仔教导和引导的，它们带着它做各种猫应该做的事情，不过透过镜子，小家伙还是发现了许多自己和其他哥哥姐姐不一样的地方。不仅是相貌，连自己发育的速度也比其他猫仔快许多。它开始长出锋利的爪子，奔跑的速度也越来越快。这简直太恐怖了！自己怎么变成这个样子了？难道自己是生病了吗？它开始害怕照镜子，并把家里的镜子换成了模糊的铜镜，以此来掩饰自己的“格格不入”。

它不敢乱动，害怕自己一不小心伤害了家人。它只能独自躲在角落里哭泣，感觉很难受。有一天它实在忍受不了了，就跑出去在一片空旷的地方肆意狂奔，注意到四周没有其他动物，它试着狂吼了一声。吼出来后，它突然发现自己变得很兴奋，这正是它想要的感觉，这种感觉让它觉得自己原本就应该这样活着。

这个时候，突然有一个比它大一号的动物出现了，它们长得极为相似——就像是照镜子一样：对方长着一头乱乱的金色毛发，四肢健壮有力还带着爪子，眼睛里有一种想把对方吞噬的力量。对方似乎看出了它心里的疑惑，冲着它吼了起来，并将它带到一条小河边。在平静的河面上，一头狮子的样子呈现了出来。小家伙自忖道：“原来这才是我的样子，我是一头狮子。”

后来，森林里又发生战争，已经变成大狮子的小家伙非常勇猛，它不仅保全了自己，还给那些曾经帮助过它的猫仔提供了庇护，它变得既强大又有威严。

俗话说“当局者迷，旁观者清”。每个人的自我认识之路都是漫长的，在这个漫长的过程中我们仅仅依靠自己是不够的，许多时候还需要找一个旁观者来帮助我们认识自己。为自己找一面镜子，不仅是让我们透过镜子更清晰地认识自己，更是让我们通过镜子跳出那个阻碍我们看清自己的局，以一种旁观者的意识去清醒地审视自己。

在生活中，担任镜子角色的可以是他人，也可以是自己。美国社会学家查尔斯·霍顿·库利曾经提出过一个镜中我的理论，他认为决定人的行为的自我认识很大程度上是通过个人与他人的社会互动形成的，他人对自己的评价、态度等都是反映自我的一面镜子，我们可以通过这面镜子来认识和把握自己。生活中，我们经常发现，一个人对自身的自我认识是理想化的、想当然的，是一种自以为是的，但是相比较而言对他人的认识就会客观一些。因此，我们可以通过别人来了解自己，借助旁人的眼光来观察自己。这样，我们不仅可以更清楚地了解自己的情况，还可以掌握许多我们自己都不知道的信息，如个人潜质——很多人都是在他人的帮助或提醒下注意到自身那些值得挖掘的闪光点的，也因此少走了很多弯路。

借助他人这面镜子时，我们需要注意两点：第一，在这个过程中，是他人看自己而不是自己看他人，也就是我们借助的镜子是他人对我们的评价，而非他人本身，搞不清楚这一点很容易主客颠倒，认为自己和自己看到的他人是一样的，陷入一种认识不清的误区；第二，要尽量避免巴纳姆效应的产生，尽管每个人都希望自己是别人口中的那个他，但是也要根据自己的实际情况客观估计自己。这个时候该是我们自身作为镜子出场了。

没有人能够比我们自己更了解自己。情商高不仅表现在能够感知自身情绪以及它所带来的变化上，还表现在对自我的观察上。人们无时无刻不在从事各种实践活动，在这个过程中，我们通过反复的情感体验也在认识自己，评价自己。此时，我们需要做的就是用理性将那个正在进行自我认识和自我评价的“我”抽离出来，让它以旁观者的身份，作为一面镜子来帮助我们认识自己，不仅要及时发现自己的情绪变化，更重要的是要以旁观者的身份来指导我们的行为。

每个人都需要为自己找一面镜子，就像是故事中的小狮子一样。只有通过镜子，我们才能够及时、准确地认清自己，正视自己的力量（包括情绪以及情绪所带来的变化），也只有如此才会更好地适应周围的人和环境。

存在即合理——认识情绪

杰克是一个生活在美国的中年男子，由于他脑部的额叶区长了一个肿瘤且压迫了脑神经，因此情绪有些异常——对于任何事情，杰克的脑部都只会产生快感，而没有其他情绪。正因如此，他天天看起来都是一副快乐的样子，人送绰号“快乐杰克”。

尽管不少人羡慕杰克的快乐，但事实上，他活得并不快乐，只是这些不快乐他自己感觉不到而已。杰克由于缺乏紧张感与焦虑感，在工作中总是一副漫不经心的样子，因此工作常常出现错误，为此上司没少批评他。不过挨了批评的杰克丝毫感受不到内疚和后悔，他笑嘻嘻地接受，然后接着我行我素。这样没心没肺的杰克让上司很无语，公司在忍无可忍之下辞退了他。

丢了工作的杰克依然很快乐。面对妻子的指责和抱怨，他除了笑嘻嘻地接受外并无其他任何表示。看着他一副满不在乎的样子，妻子很伤心，她觉得杰克对家庭实在是太不负责任了。然而，杰克并没有感受到妻子的伤感，他的态度也没有丝毫改变。后来，妻子实在受不了他便带着孩子离开了他。

丢掉了工作和家庭的杰克开始尝试着自己创业，但因为他对市场的估计过于乐观，对紧急情况和危机事件没有足够的预测和感知能力，做决策时总是一副毫不在意后果的样子，结果依然以失败告终。他尝试了一次又一次，直到自己所有的存款都被耗尽。

最终，快乐的杰克只能沦落到靠领政府的救济金生活。杰克的朋友们都很纳闷，他们实在是想不明白快乐的杰克运气怎么会如此差，但杰克依然是那个快乐的杰克。

情绪是情商的外在表现，但并不是每一个人都能够真正地认识情绪以及它存在的意义和可以发挥的作用。不少人希望能够像杰克一样生活中只有愉悦，没有悲伤、愤怒、恐惧等负面的情绪，但这并不是什么好事，人们的生活极有可能因此而一步步陷入灾难之中。科学家研究发现，每一种情绪都带着一个重要信息，而这个信息将决定我们采取何种应对行动，比如恐惧会让人迅速逃离，喜悦会让人手舞足蹈。人们正是通过这种行为达到保全自我或其他利己的目的。事实上，与身体上的其他感觉（如痛觉）相似，情绪就像是一种信号，对我们的生活起到提醒和预警的作用。就像是痛觉提醒我们对身体上疼痛的部位进行检查和医治一样，高兴、愉悦等正面情绪或愤怒、悲伤等负面情绪也在提醒我们去维持或改变目前的生活状态。从这个意义上来讲，无论是正面情绪还是负面情绪，每一种情绪的存在都有它的合理性与必要性。

从生物科学角度而言，情绪感觉和逻辑性思考在生理上启用的化学物质和细胞是一样的，也就是说，从根本来看，情绪和思考属于同一整体。在实际运作过程中，思考正是建立在情绪之上的，情绪为思考提供信息提醒以及传递功能，所以对情绪认识不清或置若罔闻都将引发灾难。对情绪，我们要知道一些基本常识，如快乐、悲哀、愤怒、恐惧是四种最基本的情绪；正面情绪是认知与经历的完美契合，带给人的是满足感，而负面情绪由于存在对认知的歪曲或不良经历的干扰，除带给人心理上的不适外，还极易引起行为上的失当。我们应该学着驾驭情绪，让情绪充分发挥它应当发挥的作用。

为了避免情绪带给我们不良影响，也为了让它更好地发挥作用，我们可以尝试以下三个步骤。

1. 了解情绪。这里的了解情绪主要指的是通过加强自我认识、了解行为模式和情绪机制，提高对情绪信息的感知能力以及对情绪模式的识别度。只有了解了情绪，才能更好地判断是何种因素影响了我们的决策和行为，进而对其进行引导和选择。

2. 选择情绪。许多时候情绪之所以会对人产生误导作用，主要是因为人们在情绪发生的那一刻不能进行有效的思考，从而导致无法管理和疏导情绪。选择情绪正是为了弥补这种遗憾，它主要是指通过自我管理和自我引导，让我们有意识地引导自己的思考、情绪和行动（即和情绪对应的反应）。

3. 超越情绪。每个人都有自我存在的价值，当我们要求释放自己的全部力量与潜能，服务于这个长远目标时，情绪的作用自然也在考虑范围之内。超越情绪指的是通过提升情绪的功能，让自己的日常选择服从于自我所追求的长远目标。

“WHWW”法则

明是一个单亲爸爸，他独自抚养着自己 7 岁的儿子。明的妻子在孩子 5 岁的时候因病过世，父子俩过了很久才从悲痛中走出来。每当儿子在外面玩耍受伤回来，明的心里就不可抑制地涌起一阵悲凉，对妻子过世留下来的缺憾感受尤深。

一次明要出差，不得不把儿子一个人留在家里。因为要赶时间，他没有吃早饭就匆忙离开了家，一路上明的心里七上八下的，他一会儿担心孩子有没有吃饭，一会儿又担心他会不会哭，一路上打了好几个电话。明的儿子非常懂事，每次明打电话过来的时候他都说自己很好，爸爸不用担心。因为心里记挂着孩子，到达目的地后，明草草地处理完事情就踏上了归途。回到家里的时候，明发现孩子已经睡熟了。一天打个来回，明实在是疲惫极了，他此刻全身无力，只想赶紧躺到床上休息。洗漱完毕后他掀开被子，眼前的景象让他大吃一惊：棉被下面竟然有一碗打翻的泡面！

“这孩子！”明一下子变得愤怒极了，他不顾孩子已经睡着，朝着他的屁股就打了上去，一边打一边说：“你这孩子，怎么这么淘气，泡面翻就翻了，为什么还要把棉被弄脏？要谁洗？你怎么这么不乖，惹爸爸生气？”这是妻子过世后他第一次打孩子，打着打着自己的眼圈也红了。

从睡梦中惊醒的孩子抽噎着辩解：“我没有……没有淘气……这……这是给爸爸吃的晚餐。”原来孩子担心爸爸回来后没有东西吃，特意泡了两碗面，一碗自己吃，一碗给爸爸吃。结果等他都吃完了，爸爸还没有回来，他担心面凉掉，所以才把面放到了棉被下保温。

听了孩子的解释，明一句话也没有说，他默默地抱紧了孩子。看着碗里剩下的那点已经被泡胀了的面，他突然觉得这就是世界上最美味的泡面。沉默过后，他轻轻地对孩子说道：“谢谢你，宝贝。这是爸爸吃过的最美味的泡面。”

古人云“三思而后行”，对于情绪的产生，这句话也同样适用。情绪是对客观刺激做出反应之后产生的一种体验，如果体验过度则会形成负面情绪。假如在客观刺激产生之后、情绪产生之前能有几秒钟的缓冲时间进行理性思考，情况会不会不一样呢？心理学家日摩曼在1944年曾经提出一个针对自我意识和自我监控的“WHWW”法则，可以适用于我们对情绪的思考，这种思考对情绪的自我认识和控制有很大帮助。控制情绪几乎是世界上最困难的事情之一，但是情绪如果不加以控制，又会让我们原本的意图扭曲，对认识自我起到破坏性作用。

“WHWW”是“Why”（为什么）、“How”（怎么样）、“What”（是什么）、“Where”（在哪里）四个英文单词的首字母缩写，它们分别代表了我们做事情的动机、方法、结果和所处的环境。可以说，人类的大部分活动，包括自我意识和自我监控都可以通过“为什么、怎么样、是什么、在哪里”这四个基本问题来了解。当我们准备做某件事情时，我们可以通过问自己“为什么”来了解自己做事情的动机；通过问自己“怎么样”来了解可行的方法和策略并对其进行规划；通过问自己“是什么”来明确目标和预知结果，这不仅是目标明确的表现，也体现了意识的自我觉察性；通过问自己“在哪里”来了解自身所处的情境，进而对情境进行分析、决策和控制，这体现了个体的敏锐与智慧。这样一个对“动机—方法—结果—环境”进行审视和反思的过程，实质上也是一个理性思考的过程，这个过程的存在既给情绪提前打了一剂预防针，避免了许多不必要情绪的出现，也为我们更客观、更理性地认识自己打下了基础。每一个渴望学会控制情绪、渴望更好地认识自己的人都应该不时地向自己提出这几个问题，并竭尽全力给出解答。只有这样我们才不会让自己被情绪牵着鼻子走，以致迷失自我。

情绪比语言更加诚实地反映了我们的内心。学着用“WHWW”法则去净化自己的心灵，不仅能让我们对情绪的认识更加深刻，也能让我们更好地了解自己的内心。

坦然面对自己的缺点

刘尔从小就期待着自己能成为一个出色的电影特效师，但是他从小就反应迟钝。看电影时，他的思路老是跟不上电影情节的发展，总是喋喋不休地向别人提问，弄得旁边的观众对其很反感。

一次，一位有名的电影人在研讨会上介绍了一种新观点。大家都听懂了，可刘尔却因没有听懂而提出疑问，电影人只好重新向他解释一遍。尽管如此，刘尔并没有降低对自己的期待值，他总是在不断地激励自己。他用勤学好问来弥补自己反应慢的缺点，对没弄懂的问题，没有理解的问题，他毫不掩饰，接二连三地提问，即便引起旁人的讨厌，他也毫不在乎。

刘尔说：“我不怕在别人面前暴露自己的愚蠢。”也正是这个“愚蠢”的人，最终成为一个业内知名的特效师。

俗话说“人无完人”，每个人身上都存在着这样或那样的缺点。面对缺点，有些人选择逃避，无视或掩饰；有些人却用难得的勇气选择坦然面对。前者因为自欺欺人，终日遭受痛苦的折磨，后者却因为从容与毫无畏惧使幸运降临。更加难能可贵的是，后者因为坦然而避免了自卑、消沉等不良情绪带来的影响，心境更加平和，这不仅有利于认识自我、克服缺陷，还有利于扬长避短，将优点发挥到极限。

人作为社会群居型动物，在生活和成长的过程中极易受到周围信息的影响，将他人的言行当作自己行动的参照，从而导致自我知觉产生偏差，严重者甚至迷失自我。除去外力的作用，人在面对自己缺陷时的态度也会对人们正确认识自我产生影响。一个人如果不能对自己的缺陷、不足做到坦然面对，那么这种缺陷和不足就像是压在人心口上的一块大石头，让人无法轻松起来，而这种感觉很容易让人意志消沉，从而无法看到自己的长处，更无法充分发挥自己的优势。由此可见，认识自我之路既漫长又困难重重，一个人只有首先做到坦然面对自己的缺点，才能有精力去应对来自周围环境的信息暗示，从而顺利地迈向认知自我之路。

那么，我们要如何才能做到坦然面对自己的缺点呢？

1. 坦然面对。我们需要先将缺点按照先天和后天的标准进行分类。先天的缺点我们暂且不说，对于后天的缺点，如不良习惯等，一旦我们意识到了它的存在，就应该毫不犹豫地改正它，不能任由其发展下去。几乎所有后天形成的缺点都是我们可以通过努力去克服的，没有改正不了的缺点，只有缺乏决心与努力的人。

2. 尝试着改变自己。如果我们觉得现在的自己存在这样或那样的问题，那么为什么不去改变自己呢？在改变的过程中，我们不仅可以将注意力转移到其他新鲜的事物上，随着崭新自我的出现，以前的很多缺点也会随着过去的自己而一去不复返。

3. 多关注自己的优点。为什么总是盯着自己的缺点不放呢？多发掘自己的优点和长处，用自信去面对所谓的缺点，我们会越来越坦然，越来越放松。

坦然面对自己的缺点，我们才能学会用平和、从容的心态来接纳自己，也只有在这种坦然中才能够做到客观冷静地审视自我，找到扬长避短的方法，使自我得到提升。

认识自己的优点并学会经营它

有一位理想远大的法国青年，他不满足于家乡的生活，来到了巴黎。他准备先找一份工作糊口，然后创出一番自己的事业。

来到巴黎后，他先找到父亲的一位朋友，想拜托他给自己物色一份合适的工作。父亲的朋友问他："你精通数学吗？"青年摇头否定。"那么，历史和地理呢？"青年还是摇摇头。"法律呢，法律该懂一些吧？"青年什么也没说，惭愧地低下了头。他突然对自己很失望，发现自己一点优点和长处都没有，这样的他连找份工作都难，更何况做出其他成就呢？父亲的朋友看出了青年的失落，安慰他道："别灰心，你先把住址写下来吧，如果遇到适合你的工作我会通知你。"青年垂头丧气地写下了自己的住址，转身准备离去。就在此时，父亲的朋友突然一把拉住他，微笑着对他说道："你的字写得很漂亮，这正是你的优点所在啊。依我看，你不该只满足于找一份糊口的工作，你可以做出更大的成就。"他的话让青年一下子燃起了希望与激情，瞬间振作起来。

青年回去后，一遍遍地看自己写下的字。那些文字就像是清冽的泉水一样滋润着他的心田，让他爱极了它们。凭着对文字的热爱和敏感，几年后的他在文学方面创造出了巨大的成就，写出了享誉世界的经典作品。文字在他的笔下犹如被赋予了生命一样，演绎着人间百态。他就是法国19世纪家喻户晓的著名作家大仲马。

情商高的人有一个显著的特点就是情感细腻，也正因如此，他们往往能够清楚地知道自己擅长和不擅长的。多数人都以为自己知道自己擅长什么，其实不然，在很多情况下人们甚至连自己不擅长什么都不知道。这也是情商高的人与情商低的人的一个显著区别。因此，在提升自己的情商之前，我们有必要认识自己的优点并学会经营它。优点得以充分发挥作用，不仅让人做起事情来更加顺利，最重要的是它还有助于培养自信心，而自信是高情商的基础。

生活经验告诉我们，一个人要想有所作为，只能靠发挥自己的长处，从事自己不擅长的事情无异于自讨苦吃，就像擅长跑步的兔子非要去争游泳冠军一样，不仅实现起来困难重重，还极有可能在实现的过程中因为吃了太多的苦头而陷入悲观沮丧之中，连原本跑步的技能都忘记了。这样的兔子除了自怨自艾外还能顾及什么呢？道理很简单，但是一个现实的问题摆在我们的眼前，那就是我们怎样才能知道自己是兔子而不是鸭子呢？一个人要认识自己的优点并不是一件容易的事情。

在认识自己的优点方面，已故管理学大师彼得·德鲁克提出了一个好方法，叫作"回馈分析法"（据彼得本人说这种方法并不新鲜，它是由14世纪的一位默默无闻的神学家发明的）。回馈分析法的具体运用方法是：每当自己要做出重要决定或者要采取重要行动时，事先记录下自己对结果的预期，过一段时间等结果出来之后再将实际结果与自己的预期进行比较。达到预期说明自己在这方面的天赋还不错，若达不到则说明自己在这方面可能有所欠缺。利用这种方法，我们不仅能够认识到自己的优点，运气好的话还能顺便发现自己的缺点，一举两得。这种方法看似深奥，实则非常简单。简言之，就是看自己完成一件事情的速度和所花费的精力，如果做一件事情时如行云流水一般一气呵成，那么显然这正是你的优势所在。这个重要的信号不仅有利于我们准确地了解自己，还会让我们产生一种满足感，同时也为我们日后经营自己的优点提供了动力。

在认识到自己的优点之后，若想让其持久地发挥作用，我们还需要用心经营它。根据回馈分析法的启示，经营自己的优点，让其发挥最大的作用，我们需要注意以下几点：首先，专注于这些优点，将自己放在能够让这些优点发挥作用的地方。其次，不断地加强这些优点。优点有时就像技能一样，需要不断地完善，越完善越牢固，发挥的作用也会越明显。再次，避免恃才傲物。优点容易让人骄傲，而骄傲是造成偏见和无知的罪魁祸首，只有克服了它，优点才能保持其本来面目，发挥它应该发挥的作用。最后，纠正那些经常伴随着优点一起发生的不良习惯。人们常说"近墨者黑"，尽管优点本身可以带给我们许多好处，但如果与优点相伴相生的不良习惯过多，优点也会慢慢地被淹没。

学会反思和自省

小胡进公司两年了，他对待工作一直认真负责，恪尽职守。他每天准时上班，从未迟到过。对此，他自己也觉得很自豪。

前几日，同事小罗被升了职，一想到小罗到公司才半年，小胡心里就很不是滋味。他思来想去，决定去找经理理论。小胡来到经理办公室，开门见山地说："经理，您知道我为公司已经工作了两年，从未迟到早退过，对待工作也很认真负责。您最近给小罗升了职，我心里很难受，您太无视我的感受了。"经理听了小胡的话并没有生气，他只是淡淡一笑，然后对小胡说道："这件事情我一会儿再给你解释，你现在先去做一件事情。我准备给大家买一些水果，正好公司楼下拐角处有个水果店，你能先过去看下今天有没有橘子卖吗？"小胡虽然心里郁闷，但还是领命下楼去了。

五分钟后，小胡上来了，他向经理答复道："经理，下面有卖橘子的。"经理又问："多少钱一斤？"小胡愣住了，他并没有询问除"有没有橘子卖"之外的问题。在他发愣的时候，他恍惚听见经理又问道："那里卖的橘子够不够所有员工吃？还有其他什么水果卖吗？"看着他茫然的表情，经理打电话把小罗叫了进来。经理把最初吩咐小胡的话同样给小罗说了一遍，然后小罗就下楼去了。十分钟后，小罗上来了。他向经理汇报道："经理，我已经了解过了，那里有橘子卖，数量足够全体员工吃。除橘子以外，还有香蕉、甜瓜、木瓜和苹果。其中橘子的价格是 1.5 元一斤，香蕉 2 元一斤……店主说了，量大可以打八折。如果您确定要订橘子，我这就下去预订。""好的。"经理答复小罗之后，他领了任务离开。

"现在我们可以来说一说你刚才的问题了。对了，你刚才想说的意思是什么？"经理问小胡道。此时的小胡刚从惊讶中醒过神儿来，他已经明白了自己工

作时间久却没有得到升职的原因。他一脸抱歉地向经理回道：“没什么，经理，很抱歉，我先工作去了。”

正如哲学家亚里士多德所说：“对自己的了解不仅仅是最困难的事情，也是最残酷的事情。”反思和自省尤其如此。

从表面来看，反思和自省是一种能力，是对行为或思想所做的深刻检查和思考。但就其实质来讲，反思和自省是人们自我意识层面的分析，是对自我动机与行为的审视和反思，通过反思和自省，人们会更加清晰地认识自身的优缺点，克服自身缺陷，达到心理上的健康与完善。所以说反思和自省是人们了解自己的一种重要方式，情商高的人都很善于通过反思和自省来了解自我。

不过道理归道理，在现实生活中却很少有人会通过这种方式来了解自我。在生活中，有不少人会说：“我做错了一件事，回头想想很后悔。”此时，一种人会因为错误所造成的结果而后悔，另一种人会在后悔中回想错误发生的过程，思考怎样做才能避免错误的再次发生，吸取教训。这两种做法孰优孰劣呢？毋庸置疑，后一种更好，因为后一种做法里包含了反思和自省。遗憾的是，现实生活里能在后悔中做到第二点的人并不是很多。很多人在忙碌地生活着，抱怨着生活不易，抱怨着时间不够，这似乎已经成了人们不愿意反思和自省的最佳理由，由此人也变得越来越浮躁，越来越习惯于自欺欺人。反思和自省真的有那么难吗？

确实，做到真正认识自己，客观而中肯地评价自己，要比想象中难得多。敢于自我反省的人，都是有大智大勇的人。在人们的精神世界里存在着矛盾的两面：善与恶、美与丑、创造与破坏。在潜意识中，我们总会将阴暗的一面想方设法地掩饰或隐藏，但如果想要学会反思和自省，首先，必须坦诚地面对自己，对自己进行深入的思考，不要害怕发掘自己内心不那么光明，甚至有些阴暗的一面。用坦诚的目光审视自己，这通常是痛苦的，但正因如此才更加难能可贵。做到了这一点，我们就超越了现实层面上的自我，迈出了自我反思和省察的第一步。其次，学会反思和自省还包括对自己优点和潜能的重新发现。每个人都有巨大的潜能，有自己独特的个性和长处，通过反思和自省，我们会更加清晰地看到自己的优点，让它发挥出本来应该发挥的作用。最后，尽量避免主观情绪的影响，必要的时候我们可以借助他人的力量，从他人的角度出发对自己进行反思。

真正的勇士不仅是那些手执长矛、面对强敌所向披靡的人，也是那些敢于用锋利的解剖刀剖析自己、反思自己的人。

培养可贵的自知之明

战国时期诸侯国齐国有两位长得很美的男子，他们一位是齐威王的相国邹忌，一位是与邹忌同住一城的徐公。邹忌身高八尺，体格魁梧，相貌堂堂，而城北的徐公也是一表人才，是齐国有名的美男子。

邹忌在街上行走得多了，也渐渐知道了徐公的美名，他很想知道自己与徐公究竟谁长得更美。一天早晨起床后，邹忌穿好衣服、戴好帽子，信步走到镜子前仔细地端详着自己的模样，他觉得自己确实长得与一般人不一样，尤其是相貌。他得意地问妻子道："依你之见，我与城北的徐公谁长得更美？"邹夫人看自家大人问自己，忙回答道："当然是您了，徐公怎么能和您比啊！"看着夫人帮自己小心翼翼整理衣带的样子，邹忌有点不太相信她的话。他又问门口等着请安的妾道："都说徐公是有名的美男子。我与他相比，谁更漂亮一些呢？"妾听到大人问自己，忙回答道："您比徐公美多了，他可比不上您呢。"

第二天，有客人来访，邹忌和客人聊天。邹忌想起昨天的事情，随口问客人道："您看我和城北的徐公相比，谁更美一些呢？"客人毫不犹豫地回答道："徐公比不上您，您比他美。"

邹忌连做了三次调查，结果都一样，可是邹忌并没有因此而沾沾自喜。他很谨慎，丝毫没有因为别人觉得自己比徐公美而流露出得意之状。

又过了几天，徐公恰巧有事来拜访邹忌。两人一见面，邹忌瞬间就被徐公气宇轩昂、光彩照人的形象惊呆了。在之后交谈的过程中，邹忌忍不住打量徐公，越看越觉得自己长得不如徐公。待徐公走后，邹忌又走到镜子前去打量自己，这下他更加确定自己长得不如徐公这个事实。

晚上邹忌躺在床上，翻来覆去睡不着觉，他有点想不通，明明自己长得不如徐公，为什么他的妻妾和朋友都觉得自己比徐公美呢？经过反复思考，他终于明白了，于是自言自语道："原来他们都是在恭维我啊！妻子说我美是因为偏爱我；妾说我美是因为害怕我；客人说我美是因为有求于我。幸而我有自知之明，否则真的要认不清自己了。"

《老子》云："知人者智，自知者明。"人贵有自知之明。故事中的邹忌身为一国之相，能够在一片赞扬声中保持清醒的头脑，最重要的原因就是有自知之明。从某种意义上讲，人生的很多烦恼（包括一些负面情绪）都是由于缺乏自知之明造成的。那么，我们应该如何做才可以有自知之明呢？以下方法或可一试。

1. 测试。有许多关于"自知之明"的测试，如迈尔斯－布里格斯性格分类法等，这些流行的人格（性格）测试法虽然不能帮助我们完美地测试或分析出准确的性格，但是它能够提供一个整体的框架，帮助我们明确自己的优点和缺点，使我们对自己有一个大概的客观了解。我们可以在这些信息的基础上反思自己，从而更好地了解自己。

2. 通过实践自我发现。实践的最大好处在于它可以帮助我们积累经验和阅历，这对帮助我们深刻认识自己可以起到令人意想不到的巨大作用，尤其是挫折，它可以促使我们反思自己，在反思中人对自我的发现往往会比在普通情况下深刻和准确得多。另外，我们还可以通过前面提到的反馈的方法来自我发现，具体做法是在做一件事情之前先设定一个预期目标，在取得结果之后再根据预期目标评估结果。在这样的反馈过程中，自身具有哪些优点和缺点将会清晰地呈现出来。

3. 学习并不断地完善自己。一个人自身的修养需要不断地进行完善，掌握的知识越多，对自身的局限也就认识得越清楚。一个人只有认识到自己的无知，才会更有动力进行自我完善。自我完善也是自知之明的一部分，严格意义上的自知之明应当包括认识自己、完善自己和补充自己。一个人对自我的认识只有放在这样一个不断发展变化的过程中，才是真正全面而又准确的。

请注意，在尝试以上方法之前确保自己有独立思考的能力，并且拥有自己的价值观。这不仅是培养自知之明的前提，更是关键。

做自己感兴趣的事情

在创业的路上，有无数为梦想而努力的“拼二代”，孙林就是其中的一员。

孙林的父亲是镇中学的一名普通校工，母亲则是家庭主妇。父母对孙林的期望很高，一直希望他能够好好学习，考个好大学再找个好工作。不过孙林并没有像父母期望的那样发展下去。在读高二的时候，孙林就知道自己不是学习的料，当他的同学为了高考心甘情愿地将头埋在高高的书堆和卷子里时，孙林连坐都坐不住，他对学习真的是一点都不感兴趣。本想混到毕业，但是他认为那样纯粹是浪费时间，与其毕业后托人找一份自己不喜欢的工作，不如早点走出校门到社会上，通过努力找一份自己喜欢的工作。打定主意的孙林不顾父母的反对，高二还没有读完就跑出去自谋生路了。他去煤场打工，发现不但累而且危险；又去理发店做学徒，但没坚持多久就不想干了；他尝试其他工作，也总是半途而废。闲暇时，孙林总是在想：什么工作不累呢？别看书读得不好，这个问题孙林倒是很快就想明白了：自己有兴趣的工作不累。为了验证自己想法的正确性，他跑去和别人学起了汽车维修。他泡在汽车堆里，每天把自己整得脏兮兮的，但奇怪的是孙林并没有感到累，反而越干越起劲。用他自己的话说，他觉得自己天生就是吃这碗饭的。

为了干好这一行，孙林报名参加了一个培训班，从培训班出来后他又去大汽修店、4S 店等做学徒，这一学就是五年。在这五年里，他不仅学习了许多汽车维修技术和汽车美容知识，还学会了如何管理员工。尽管每天只能啃馒头、吃白菜，但他却甘之如饴。偶有休息的时间，他还会跑到新华书店去看相关的专业书……孙林自己都不敢相信曾经那么不爱学习的他现在竟然能如此沉得住气，静下心来。

功夫不负有心人，在磨炼了一段时间、积攒了一些钱之后，孙林终于开了第一家属于自己的汽车美容店。孙林很激动，看着小小的店面，他生平第一次有了强烈的成就感。后来，他开店的地方因为要修高架桥，不得不搬迁，在别人都不看好的情况下，他重整旗鼓，选好新址又开张了。这次的店比上一次又大了一些，孙林不相信自己会失败。凭着他这些年积攒下来的技术和人脉，孙林的汽车美容店很快就顺风顺水地做了起来，他肯吃苦、技术又好，顾客们都很喜欢他，并且不断地介绍新客户到他店里去。三年后，孙林开了第二家汽车美容店。

孙林现在已经成为名副其实的老板，员工从最初的几个人发展到了现在的30多个，月收入平均十万元左右，父母也被他接到了城里。面对他人的羡慕和称赞，孙林明白这一切都是兴趣带给自己的。对于成功，孙林朴实地说道：做自己感兴趣的事情，不仅不会感到累，还能重新认识自己。这就是一个普通青年的成功之道。

俗话说："兴趣是最好的老师"，它为我们做好一件事情提供充足的动力。但正如最好的老师带出来的学生却不一定个个出类拔萃一样，许多事情人们即使有兴趣也不一定能做得好，同样地，能够做好的事情也并一定是因为人们兴趣所在。兴趣能够帮助人们获得成就的根本原因并不在于兴趣本身，而在于它的存在能够让人们更好地认识自己。《哈佛商业评论》中有一篇广受欢迎的文章《你事业的上限究竟在哪里？》，其中提到要在自己的工作上有所成就，首先要对自己有深刻的认识。

兴趣如何帮助人们更好地认识自己呢？联系生活中的一些事情，如工作，我们不难发现，兴趣的好处在于激发我们的热情。尤其是在工作中遇到困难或是在生活中面临世俗的干扰和诱惑时，因为有了兴趣的存在，我们才有了克服困难和障碍的动力。这个时候，我们能更清楚地听见自己内心的声音，这个声音让我们对自己的认识更加清晰。兴趣就是这样帮助人们认识自己的。

在了解了兴趣的好处之后，我们只需要付诸实践——做自己感兴趣的事情就可以了。当然，这里有一个前提，那就是我们得明白自己的兴趣所在。这是一个真正的难题，在这个问题上有些人存在一定的误区，还有些人压根儿就不明白自己的兴趣是什么。在此，有专家提出三点建议帮助人们更好地了解自己的兴趣。

1. 多尝试，积极把握各种机会。只有尝试得多了，我们才可能真正发现自己的最爱，从而找到自己的兴趣所在。

2. 把兴趣和才华分开。不要因为自己在某些方面做得好，就认为那是你的兴趣，也不要因为做得不好，就觉得它不应该成为自己的兴趣。兴趣之所以能够成为兴趣，纯粹是因为我们从心里由衷地喜爱它，它能够让我们产生满足感，为我们带来快乐，即使做得不好，我们依然十分渴望重复做这件事情——这也可以是我们衡量自己对某件事情是否有“兴趣”的一个标准。

3. 客观。在确定自己的兴趣时不要将社会价值观、父母的期望、朋友的影响带入判断。自己没有做过的事情只有亲身体验后才知道是兴趣还是憧憬，不要将他人的兴趣当作自己的兴趣。

还是那句话，兴趣不一定是自己的职业，它与天赋也没有关系。我们做自己感兴趣的事并不是为了取得某种成就，而是为了更好地认识自己、丰富自己。明白了这些之后，我们还有什么可顾虑的呢？去做自己感兴趣的事情吧，你会发现一个全新的自己，而那个自己才是最真实的自己。

养育孩子，为人父母

乔恩最近刚刚升级做了爸爸。对于新爸爸来说，生活中处处充满考验，乔恩经常这么感慨。乔恩的女儿刚出生三个月，记得三个月前医生把柔软的婴儿抱到他手上时，乔恩的心里充满了喜悦和感动。但是很快麻烦便接踵而来。小家伙出生一周时，某天晚上因为病毒感染腹痛无比，她一边不停地呕吐，一边声嘶力竭地哭泣，小床上到处都是她吐出来的奶，最后她头发湿了，睡衣也湿了。乔恩和妻子赶紧给孩子洗了个温水澡，换上了干净温暖的衣服，之后又手忙脚乱地安抚孩子、给她换新的被褥。刚折腾完没过一会儿孩子又吐了。等到孩子终于累得不行睡着的时候，天已经亮了。乔恩很诧异自己的表现，他竟然可以在深夜最想睡觉的时候无怨无悔地做这么多事情。这让他第一次意识到原来自己身上还有这么多优点，比如爱心、耐性等，也会愿意为了某个人而倾尽全力。

然而，随着女儿一天天长大，他除了发现自己没被发现的优点以外，也发现了自己不好的一面：他发现自己比以往任何时候都自私，所有可怕的负面情绪如愤怒、困惑、怨恨、刻毒、羞耻，在他身上都有体现。一次，他带着女儿去打针，小姑娘因为身体不舒服一直哭，他急得直接冲进了医生的办公室，而医生却只是淡淡地问了句："请问您有预约吗？如果没有，先让预约的病人进来好吗？"乔恩听了医生的话突然变得很愤怒，吵闹着说："难道你没有看见我的女儿已经难受成这样子了吗？"听了乔恩的话，医生建议他带着女儿去急诊科，并依然坚持先为已经预约的病人看病，除非乔恩去和现在正等在医生办公室门外的病人商量，征求他们的同意。乔恩看看医生，再看看后面一脸不耐烦的病人，他觉得这些人实在是太没有同情心了，他在心里无比怨恨他们。吵嚷无效，乔恩只好带着女儿沮丧地离开了。这一天，他的情绪很不好，看见谁都想骂，他觉得自己就像被魔鬼附身了一样。

不仅是乔恩，许多父母也都经历着相似的事情。你从这些经历中学到了什么？你是否觉得为人父母改变了自己的人生？

"我第一次做你的母亲，你第一次做我的女儿，让我们彼此关照，共同成长。"养育孩子并非一个简单的付出和回报的过程，而是一个共同成长的过程。这个过程一方面令我们身上的优缺点暴露无遗，另一方面也给了我们一个与以前任何方式都不一样的重新看待自己的机会。

情商之父丹尼尔·戈尔曼在他的著作中提出了关于提升情商的一个新的、突破性的见解，他认为每一个致力于情商提升的人都应该不断打磨两种专注力，即专注于自己与专注于他人。养育孩子，为人父母，正好为我们提供了这样一个机会。

情商始于自我意识，也就是我们常说的倾听来自内心的声音。当我们一天天地看着孩子成长，不仅会看到孩子身上的五官、气质和神韵越来越像自己，还会发现他们连说话的语气、行为举止都似乎是我们的复制品。在孩子的身上，我们所有的优点和缺点都被放大出来，促使我们回过头来静下心审视自己。而当我们真正将注意力集中在自己身上时，自我意识会变得尤其敏锐，内心的声音也会更加清晰起来。一个人只有关注自我内心的声音，才能够更加深刻地认识自己，做出更好的决策，而只有专注于自己的人才能够真正做到倾听自我内心的声音。

比起专注于自己，孩子的出现也让我们开始学会专注于他人，专注于他人主要体现在同理心的建立上。与我们平时所说的单一的同理心略有不同，这里所说的同理心包含了认知同理心、情绪同理心和同理心关怀三个层面。认知同理心指的是我们理解他人处境的能力，不是直接感受他人的情绪，而是对他人的情绪进行思考——出于一种天然的亲密关系，当孩子哭了、笑了或生气时，父母在潜意识中的第一反应就是好奇，好奇他们为什么会出现这些情绪。在这个探究的过程中，自我意识在不断地向外延伸，我们的注意力也就自然而然地转移到了孩子（他人）身上。这个过程使我们不仅提高了认知同理心，同时也增强了感受他人情绪的能力，即情绪同理心。理解了他人的处境，感受到他人在这种处境下的情绪，接着也就明白了他人的需求——明白他人需求的能力被称为同理心关怀。同理心关怀和情绪同理心密切相关，这种关怀不仅能帮助我们察觉他人的情绪，还能让我们知道对方需要从我们这里获得哪种帮助。父母对孩子的爱正是这样一点点“输出”的。值得注意的是，在我们专注于他人的过程中（尤其是面对自己亲密的孩子时），不可避免地会产生一些因同情或感同身受而出现的痛苦情绪，同理心关怀要求我们既要面对这些情绪，还要泰然处之，不被这些情绪所支配，否则将前功尽弃。

总而言之，我们对自身和他人的关注度越高，对自己的认识和评估就越全面和准确，对提高情商也就越有利。

情绪管理篇：做自己的主人

正确表达情绪

陈军在某公司担任销售部经理，可是最近市场很不景气，所以销售业绩已经连续三个月出现下滑，为此陈军没少挨老板训斥。

这天心情不好的老板又把陈军叫过去训了一顿，而且告诉他如果下个月业绩还在下滑，那就请陈军另谋高就。

听老板这么说陈军很生气，他觉得老板不但不体谅自己的难处，反而这样逼自己，于是满腔的怒火无处发泄。他刚走出老板的办公室，就来了个“火上浇油”的人——人事部经理魏月。

魏月看到陈军从老板的办公室出来，阴阳怪气地说：“你这是又被训了吧？不过没事，你应该早就习惯了。看这情况你在公司也待不了多久了，哪天老板不要你了或者你打算另谋高就了，一定要提前告诉我一声，我也好提前做好招聘计划。”

听她这么说，陈军的怒火再也控制不住了，他黑着脸对魏月说：“我到底哪里得罪你了，你就真的这么想让我离开？我不就是没有接受你的表白，和别人在一起了吗？你至于这么对我吗？”

他说话很大声，很多同事都听见了，于是一片哗然，因为大家都不知道魏月曾经向陈军表白过。而魏月见大家对自己指指点点，脸上马上挂不住了，立刻对陈军破口大骂。

正在气头上的陈军当然不甘示弱，也开始大骂魏月，就这样，场面很快变得不可收拾，最终惊动了老板。老板对他们在公司吵架非常不满，很快就做出了将两个人同时辞退的决定。

陈军在产生愤怒情绪时没能将这种情绪合理地表达出来，而是通过与魏月大吵一架的方式将愤怒情绪发泄出来，结果既伤害了对方，也伤害了自己。现实生活中，很多人在负面情绪产生时没有办法正确地表达，时间久了就容易产生诸多心理问题。如果不能适当地表达自己的情绪，这些情绪就会积聚在心中，郁结于心的情绪会对我们造成压力，还会催生诸如焦虑、忧郁等不良情绪，久而久之自然会产生心理问题，甚至是心理疾病。

那么，我们该如何正确表达自己的情绪呢？

1. 停止表达。当你发现自己处于极端情绪状态时，为了避免说出会让自己后悔的话，请暂时停止情绪的表达。可以找个没人的地方自己待着，避免和人发生接触。

2. 选对时机。在表达的时机上尽量选择那些说的人与听的人都能够专注，并且相互没有压力也不感到疲倦的时候。

3. 敏锐地觉察自己的情绪。对复杂的情绪我们要学会觉察，要搞清楚自己真实的情绪，只有这样才能向他人精确地表达自己的感受。

4. 运用自己的内在语言并学会调整。当深陷某种情绪之中时，应该采取怎样的内在语言进行表达呢？要摆脱消极的内在语言，因为这样的语言只能让我们沉浸在消极情绪中不能自拔，所以这个时候我们应该使用积极的自我语言，如果一个人多次以不尊重、不友善的语气和我们说话时，我们的内在语言应该由“你闭嘴”调整为“我不喜欢你用这样的口气和我说话”，这样做既能准确地表达情绪，又不会激化矛盾。

5. 充分认识到表达情绪的重要性。如果不将情绪表达出来会对我们的生活造成影响，如很多存在持续焦虑或抑郁状况的人其实经常生气。正是因为怒气没有及时地宣泄出来，才会造成焦虑或抑郁的后果。所以要想避免陷入抑郁或焦虑的旋涡，最好将情绪及时、正确地表达出来。

6. 表达情绪。当我们有情绪的时候要下定决心表达出来，要认识到情绪是短暂的，当我们将某种情绪表达出来的时候，这种情绪可能已经消失了。

7. 通过运动表达愤怒。生活中很多人无法妥善地表达愤怒情绪，其实发泄愤怒情绪的最好方法是体育活动，尤其是当我们有大量压抑的怒气需要宣泄的时候。可以选择一项不会对别人和自己造成伤害的体育活动，如拳击、跑步等。

8. 通过痛哭发泄悲伤情绪。如果你觉得心里很难过，可以看一部悲剧电影，并允许自己为里面的角色放声哭泣，哭完之后你就会发现自己没有那么难受了。

9. 遇到问题时要理性表达。我们在面对身边的一些小问题时不可以放任不管，要学会将自己的看法通过理性的方式表达出来，并且找到合适的解决方案。问题解决了，抱怨、不满自然也就少了。

摆脱情绪负债

赵敏在上小学一年级的时候，妈妈因为和爸爸吵架而负气出走，从此再也没有回来。妈妈离开之后，爸爸整个人都变了，他开始很晚回家，脾气也变得非常暴躁。小时候的赵敏只要有一点儿做得不好的地方，爸爸就会训斥，甚至打她。

就这样，赵敏越来越怕爸爸，平时心里有什么事也不敢和爸爸说，都是独自承受。慢慢地，她变得内向、敏感，不愿意与人接触。

这种情况一直持续到大二，这一年她爱上了一个念大三的学长，恰好这个学长也喜欢她，就这样他们两个开始了甜蜜的恋情。刚开始，赵敏觉得非常甜蜜，她觉得自己总算找到了一个关心、爱护自己的人，但是随着两个人关系的发展，在进入牵手、亲吻等亲密阶段的时候，她开始莫名地紧张、焦虑，甚至是厌恶，这些负面情绪让她不得不从甜蜜的恋情中抽离出来。

结束初恋的赵敏很难过，她再也没有谈过恋爱。参加工作后，她用了不到三年的时间就被提拔为部门经理，但大家都觉得她是个难以接近的人。后来偶然有一次，有个新来的女同事在一次聚会中抱了她一下，她就彻底失控了，结果闹得大家都很不愉快。

这件事过后，她觉得自己已经没有办法在公司待下去了，就选择了辞职。

从赵敏的经历与表现来看，很明显她有着严重的“情绪负债”。情绪负债大多是童年时期积累的，在孩子成长的过程中，如果家长没有或很少能够照顾到孩子的情绪，如说发火就发火，根本就不考虑孩子的感受；抑或是很少与孩子进行感情交流，在孩子产生某种情绪时没能进行正确的引导，那么时间长了，孩子的负面情绪就会压抑在心里，长期得不到表达和宣泄，这样一来就会形成情绪负债。

如果一个人背负了过多的情绪负债，那么他在面对生活中的一些事情时就会表现得过分敏感，严重地歪曲事情的本来面目，做出过度的反应，并最终出现不同程度的心理障碍。那么，我们该如何摆脱情绪负债呢？

1. 学会自我调整，将不必要的情绪负债还清、拿掉。这样做会让我们越来越自由、轻松，也越来越成熟。要想实现这一点，既不能过分压抑自己的情绪，也不能任由情绪随意释放。

过分地压抑情绪，会造成情绪的过度积压，到了一定程度就会不可抑制地爆发出来，以至于造成无法收拾的局面。而在压抑情绪的过程中，人的身心也会生病。

但是如果任由情绪随意释放，不顾及他人的感受，那么我们就会变成不受欢迎的人。当我们觉得自己不受他人欢迎的时候，就会开始压抑自己，进而出现交际障碍，精神上也会承受巨大的压力，甚至可能患上自闭症。

所以，既不要过分抑制情绪，也不要任意释放情绪，而是对情绪进行适当的控制和疏导，该宣泄的时候宣泄，该抑制的时候抑制。这样才不会有过多的心理负担，情绪负债才能得到缓解。

2. 把自己的情绪管理好。要想把情绪管理好，最重要的是让自己的情绪保持稳定。我们可以在每天开始做事之前先花上几分钟时间去稳定情绪，等到自己心平气和了再投入工作。

3. 学会改变自己的想法。其实，有时候情绪陷入低潮的真实原因是受到了某种想法的影响，此时只要我们换个角度看问题，改变自己的看法，那么我们的情绪或许就能由消极变成积极。

4. 遇到情绪问题时多与人沟通。很多人在背负情绪负债之后并不愿意与人进行

沟通，其实这样做是不对的。平时多和家人、朋友聊一聊关于情绪的话题，可以让我们对情绪有更深的理解，也有助于排解不良的情绪。

保持积极乐观的心态

有个商人从杭州跑到洛阳做生意，事情办完后他准备回家，这个时候他想起有个朋友再过一段时间就要过生日了，便决定买一份礼物送给他。

商人想起那个朋友从没到过洛阳，也没见过牡丹，就想送牡丹给他。可是路途遥远，送牡丹花肯定不行，他想了想，觉得既然不能送真的牡丹花，那就找人把牡丹画在纸上，给朋友带过去，这样也算送了牡丹花。况且牡丹代表着大富大贵，寓意又好，朋友肯定会喜欢，自己也有面子。

拿定主意后，他找到洛阳城中最擅长画牡丹的画家，出重金让其画了一幅《牡丹图》，并且讲明这是送给朋友的生日礼物。

画家将牡丹画好之后，商人就带着这幅《牡丹图》踏上了返乡的路，到达杭州时刚好赶上他那位朋友的生日宴。于是，在生日宴上他当着大家的面郑重地把《牡丹图》送给了朋友，朋友很高兴，马上当众展示，在场的客人都对这幅画赞不绝口，商人听了非常得意，脸上都笑开了花。

可就在他得意的时候，突然有个人说："这幅画最上面的那一朵牡丹居然没有画完整，这不就代表着'富贵不全'吗？这也太晦气了吧。"听到这个人这么说，在场的宾客都凝神观看，发现果然像他说的那样，于是大家都不作声了。

商人看到这种情况非常着急，心里大骂那个画家让自己出丑。就在这个时候，那位过生日的朋友笑着对大家说："其实大家误解那位画家了，那朵牡丹是没有画上应该有的边缘，可这不正代表'富贵无边'吗？"

生活中不如意、不完美的事比比皆是，在面对这些困境的时候我们该保持怎样的心态呢？当然不应该悲观面对，这样做不但不会起到丝毫的作用，而且很有可能让事态恶化。所以，正确的做法是像商人的朋友那样，以积极乐观的心态面对所谓的缺陷。那么，如何才能保持积极乐观的心态呢？

1. 积极锻炼自己排解压力的能力。在生活中，当我们觉得某种压力过大的时候，要想办法适当地排解一下，心情也要调适一下，主动培养自我排解压力的能力。压力被释放了，心态和情绪自然也就变得积极乐观了。

2. 昂首挺胸，大声说话。不管我们走到哪里，都要昂首挺胸、大声说话，表现出足够的自信；说话的时候要声音洪亮、铿锵有力，坚持这样做，自然就会拥有乐观向上的心态。

3. 脸上要时刻挂着微笑。人在微笑的时候，大脑会传递给自己一些快乐的信息，经常面带微笑，会让我们的心情保持愉悦的状态。这样自然有利于我们培养积极乐观的心态。

4. 通过不同的媒介进行倾诉。当我们心里有话想要表达的时候，可以通过微信、QQ 等通信工具向天南海北的朋友倾诉，也可以通过日记、微博、微信朋友圈等媒介宣泄自己的消极情绪。当我们倾诉完之后，心情就会豁然开朗，恢复积极乐观的良好状态。

5. 学会放松自己。可以通过适当的运动、充足的睡眠，抑或是品尝美味的佳肴，偶尔外出游玩等活动让自己放松一下，以此减轻自己所承受的压力，让自己对生活充满激情，从而继续保持积极乐观的生活态度。

6. 每天都要突破一点极限。日复一日的重复生活确实很容易让人沮丧，但是有些事情又必须重复，在这种情况下，我们应尽力每天都突破一点自己的极限，每天都有新的收获。这样我们自然就会积极乐观。如果我们没办法突破自己，那就会在单调乏味的环境中变得反应迟钝、心理脆弱。

7. 多和心态积极的人交往。尽量多与心态积极的人交往，并且要注意避免与那些心态悲观、消极的人接触。

8. 心存感激。具体来说，就是要对我们所接触的人、所处的环境、所拥有的一切心存感激，珍惜现在拥有的东西。

9. 勇于自我接纳。我们应该勇敢地接纳自己的形象、性别、个性、境遇，还要对自己进行积极的自我评价，学会欣赏自己。这样，我们的心态才会越来越积极。

10. 不要总是给自己消极的心理暗示。有些消极的想法很有可能只是暂时的，当我们出现消极情绪时应该积极调节，而不是给自己消极的心理暗示。否则只会影响我们的心情和工作、生活。

11. 多帮助别人。经常帮助他人会让我们得到意想不到的快乐，当然这是建立在我们有时间、有能力的基础上，否则就会成为自己的负担，而不会让我们感到快乐。此外，当我们帮助他人之后不要期望有所回报，这样做不但能解放自己，而且会给对方留下一个好印象。多结一些善缘，生活才会更快乐。

12. 不要和人攀比，对自己不要太苛刻。与人攀比只会让我们生活在别人的阴影中，这样我们怎么可能快乐呢？其实每个人都有值得他人羡慕的地方，就看我们是否能知足常乐。此外，不要对自己太苛刻。

13. 将大目标细分为若干个小目标。被细分之后的小目标会变得容易实现，而实现目标对我们又有极大的激励作用，会让我们更加积极向上。

不要轻易发脾气

1863年，林肯总统领导的联邦军取得了葛底斯堡战役的胜利，此战之后南方的叛军遭受重创，随后罗伯特·李将军带领一群残兵败将退到了波多马克河边，想要渡过大河，然后重整旗鼓。可是谁知道他们的运气实在背到家了，这个时候河水大幅上涨，他们很难快速渡河。

林肯总统得知这个消息后喜出望外，他想如果能趁此良机将李将军率领的军队彻底打败，战争就很有可能会提前结束。于是他马上给率领北方军队的维得将军下令：“马上发动进攻，不要再召开紧急军事会议。”

可是谁知道维得将军并没有听他的命令，而是召开了紧急军事会议，耽误了战机，而且他在调兵遣将的时候还很犹豫。结果河水退了，李将军和他的军队顺利渡河撤走了。

林肯总统得知这个消息后非常生气，他自言自语道："只要出手，他们就必然跑不掉，可是我的话却无法让军队向前移动半步。"于是他越想越生气，决定给维得将军写一封信，他在信中非常不客气地写道："我不相信你不懂得李将军逃走之后的严重后果，我无法期望你改变形势，也不期盼你以后做得更好！"

写完这封信之后没多久，他就冷静了下来。他发现自己对维得将军的批评是不恰当的，因为自己在远离战场的白宫发号施令比较容易，而维得将军在战场上执行命令时却需要克服很多困难，如他需要解决士兵的吃饭问题、伤兵的救治问题、军队的统一指挥问题等。

想到这些，林肯总统觉得自己实在不应该批评维得将军，而且万一自尊心极强的将军看到这封信之后选择辞职，将会对战争的胜利产生消极影响。想到这里，他决定让这封信永远放在抽屉里，同时他又一次告诫自己：遇到不高兴的事情时一定要保持冷静，控制住怒火，不要乱发脾气。

后来，林肯的儿子在父亲的抽屉里发现了很多批评别人的信，其中就包括写给维得将军的那一封。这个时候他才明白，原来父亲只是将写批评信当作一种让自己冷静下来的方法，却从没有将信寄出去过。

生活中，每个人都会有感到愤怒，想要发脾气、骂人的时候，然而仔细想想，发脾气对我们来说有什么好处吗？貌似没有。我们发脾气的时候不但会对身体造成消极影响，还会让周围的人觉得我们脾气不好，难以相处，这样就会对人际关系造成不良影响。所以，不要轻易发脾气。那么，我们该怎样对愤怒的情绪进行调控呢？

1. 嘴里含一颗糖。吃糖可以缓解人们焦虑的心情，可以有效地消除心中的怒火，让心情变得平静。

2. 闭上眼睛思考一下。如果我们想要和对面的人争吵的话，那么就请先闭上眼睛，考虑一下这样做究竟是否值得，会给自己带来什么好处。这样一来，我们的怒火就会慢慢平息。

3. 听一些节奏舒缓的音乐。听音乐可以调节情绪，当我们生气的时候可以听一些舒缓的音乐，但是不要听摇滚乐等比较喧闹、嘈杂的音乐。

4. 在心里告诫自己。当我们觉察到心中的怒火时，可以在心里有意识地告诫自己不要发火，要告诉自己愤怒不但无法解决问题，还会对身体以及心理造成伤害。

5. 倾诉。如果心里实在太过愤怒的话，不妨找亲朋好友倾诉自己愤怒的原因，然后让冷静的人帮我们分析一下。这样做既可以释放愤怒情绪，又可以得到一些明智的建议。

6. 请保持沉默。在愤怒时所说出的话肯定不好听，很容易伤害他人的感情，这时对方也会对我们做出消极回应，气氛就会更加紧张。这个时候如果能保持沉默，怒火反倒会逐渐平息。

7. 转移注意力。如果有人做了什么让我们生气的事，我们可以多想想开心的事，抑或是去做一些可以让自己开心起来的事。

8. 深呼吸和冥想。简单的深呼吸动作可以缓解愤怒的情绪，经常冥想也有助于我们保持内心的平静。

不要抱怨

贺若弼是隋朝的大将军，他的父亲贺若敦在北周的时候因为经常说一些抱怨的话而被北周的实际统治者宇文护所嫉恨，最终被逼得自杀。临死之前，贺若敦对儿子贺若弼说：“我平定江南的理想现在已经无法实现了，你应该继承我的遗志。还有我因为抱怨太多而招来杀身之祸，这个教训你一定要记住啊。”说完，就用锥子将贺若弼的舌头刺出了血，告诫他一定要谨记祸从口出。

父亲死后，贺若弼很长一段时间内都谨言慎行，也因此躲过了不少灾祸。可是等到他率军攻破陈国，立下大功之后，志得意满的他忘了父亲临终的嘱咐。灭掉陈国之后，他愤恨自己没有第一个抓到陈叔宝，功劳在韩擒虎之后，于是就和韩擒虎争功，多次发泄对韩擒虎的不满，甚至拔刀相向。

可是隋文帝并没有在意这件事，而是封贺若弼为宋国公、右武侯大将军，还给了他很多赏赐，他的哥哥、弟弟也都加官晋爵。在这样的情况下，贺若弼更加骄傲自满。他觉得自己的功劳比所有人都高，而当时杨素是右仆射，这让他非常不满。于是，他多次公开发泄不满情绪，总是对人说杨素不如自己，结果遭到了隋文帝的厌恶而被罢官。

被罢官的贺若弼不但不知悔改，反而怨气越发深重。又过了几年，隋文帝下令把他抓入监狱，并亲自审问他："高颎、杨素是我任命的宰相，可你总是说他们的坏话，你这是什么意思？"

贺若弼回答说："高颎是我的老朋友，杨素是我的小舅子，我很清楚他们的为人，所以才说那样的话。"当时朝廷的大臣认为他怨愤过重，请求隋文帝将他处死。隋文帝犹豫了几天，考虑到以前他曾立下大功，所以决定饶他一命，于是免他一死。

后来隋文帝虽然恢复了他的爵位，但是没有任用他。隋炀帝在位时，曾让人制造一项可以容纳数千人的帐篷来接待突厥的启民可汗及其部众，这时贺若弼又抱怨说这样做太过奢侈，就和高颎等人私下议论，结果被隋炀帝知道后以诽谤朝政的罪名下令杀掉。

可以说贺若弼是被内心的怨气杀死的。生活中很多人都像他一样，有点不满就抱怨，觉得谁都对不起自己，整天像怨妇一样。这样做对其本人是非常不利的，因为没有人喜欢一直听抱怨，而且经常抱怨的人会给人留下一种脆弱、无能、心胸狭窄的负面印象，又有谁愿意与这样的人交往呢？

所以，我们在日常生活中应该尽量减少抱怨，最好做到不要抱怨。那么怎样才能做到不抱怨呢？

1. 放弃控制别人的想法。有的人之所以喜欢抱怨，是因为心里有想要控制他人的想法，但当自己的目的没办法实现时，就很容易通过抱怨的方式进行反击。其实爱抱怨的人无非是想要得到他人的关心和同情，这可以让他们获得某种心理平衡，可是这样做反而会让自己的处境变得越来越差，所以最好还是放弃控制他人的想法。

2. 乐于接受现实。每个人都有自己的优势和劣势，我们既要接受自己的短处，也要接受别人的长处，要勇敢面对现实、积极进取，提高自己的素质，实现梦想。这样一来，自然就不会心生抱怨了。

3. 不要过分注意负面事物。日常生活中不要总是习惯性地关注那些负面的东西，要将注意力放在美好的事物上。就算是遇到了坏事，也不要把它当回事，不去看也不去想，其实没什么大不了的。当我们准备抱怨时，还要反思一下，这件事究竟值不值得去计较？

4. 积极行动起来。遇到问题时不要一味地抱怨，而是应该积极地行动起来解决问题。我们可以做一些力所能及的事情，让问题逐渐得到解决，如与其一直抱怨办公室卫生环境差，不如直接动手打扫一下。有些问题最好能够当面直说或提出意见，这样做的效果要比抱怨好得多。

此外，当我们意识到自己想要抱怨时，请马上换个想法，朝好的一面想，还要经常给自己一些积极的心理暗示，调整好自己的心态。

5. 保持清醒的头脑。一定要保持清醒的头脑，深刻地认识到抱怨的性质、发生的原因以及严重的后果。要明白抱怨并不会让事情变好，反而会让事情往更坏的方向发展。所以我们要时刻控制不良情绪，坚决不说抱怨的话。

正确面对批评

宋仁宗是我国历史上少有的能够虚心接受批评的明君，他对臣子的批评基本上都能虚心接受，就算是批评错了，他也不会怪罪。

有一次，年轻的苏辙参加朝廷举办的对策考试，他在考卷中对宋仁宗提出了严厉的批评，他说宋仁宗每天只是和妃子们在一起饮酒作乐，不理会朝政。自从与西夏的战争结束后，宋仁宗就变成了一个没有事就饮酒作乐，有事就被吓得畏畏缩缩的窝囊皇帝。

此外，他还批评宫中之人滥用国家的钱财，宋仁宗根本不与大臣商量政事等，可是他又在试卷中特别写明这些话都是道听途说。

主考官看到他的试卷后觉得他恶意诽谤皇帝，大逆不道，建议贬斥他。因为事实上宋仁宗并不是他说的那样。

宋仁宗知道这件事之后，认为这次考试本来就是欢迎天下敢言之人提出意见，如果处罚苏辙则违背初衷，所以不但没有惩罚苏辙，还称赞了他的忠心。

庆历年间，谏官王素听到谣传，说大将王德用送给宋仁宗几个美人，在没有调查核实的情况下就在朝会上公开批评宋仁宗耽于美色。

宋仁宗听了有些不高兴地说："这是内宫的事，你是从哪里听到的？"王素回答说："臣是谏官，就算只是听到谣言也可以知无不言，如果有这件事希望陛下能改正，如果没有那也就算了，何必非要知道从哪得知的呢？"

宋仁宗听了笑着说："确实有这回事，那几个美人在我身边，很是亲近，难道有什么问题吗？"王素听了马上回答说："如果您疏远她们也就算了，我之所以提出这件事就是怕您与她们太过亲近。"

宋仁宗听了觉得很有道理，就吩咐身边的人给那几个美人每人300贯钱，打发出宫了。

这个世界上不存在完美的人和完美的事，既然不完美，那就一定会有做得不够好、不到位的地方，这个时候自然会有人站出来批评我们。面对批评，有的人会拒不接受，有的人虽然表面接受了却不会改正错误，还有的人甚至会对批评自己的人进行报复。这些都不是正确对待批评的方式，这样做只会让自己再也听不到批评，而听不到批评其实是一件很可怕的事情，它会让我们无法更好地改正错误，以致在错误的道路上越走越远。

那么，如何正确地对待批评呢？

1. 努力提高自身素质，善于接受批评。针对批评者所指出的我们做得不对的地方，我们要认真分析原因，积极寻找对策，努力改正，不断完善自己。

2. 对于错误的批评也要冷静解释、冷静对待。面对错误的批评，不要生气，不要伺机报复，真正做到“有则改之，无则加勉”。此外，千万不要将批评当成个人恩怨对待。

3. 认真听完批评，再做出回应。有时候，就算对方提出的批评很有建设性，但是因为我们一听到批评就不想再听下去，所以这些具有建设性的建议往往会被忽略。其实我们只要耐着性子把批评听完就好，除付出时间外，我们不会失去任何东西，但会收获很多对自己有帮助的建议。

4. 克服满不在乎的思想。有的人经常将批评当成耳旁风，你尽管说你的，我该怎么做还是怎么做。其实这样做是在自欺欺人，不仅无法改正错误，还会在错误的道路上越走越远。此外，在面对批评时不能“五十步笑百步”，觉得自己虽然做错了，但还有人比自己错得更严重。不要忘了就算是这样也改变不了我们犯错的事实，错了就是错了，错了就要改正，不要与别人“攀比”错误。

5. 不要将批评当作“包袱”。有的人遭受批评后会觉得批评自己的人对自己有看法，于是忧心忡忡，胡思乱想，尤其是在受到上级领导批评的时候。其实对我们提出批评的人大多是对事不对人，并不是对我们有什么看法才批评我们，所以完全没有必要有思想负担。

6. 加强自身修养，要能承受尖锐的批评。有时候，有些人对我们提出批评时并不注意场合、方式、方法，会让我们很难堪，但他们的本意是好的。这个时候我们要做的是加强自身修养，冷静地接受批评。

学会转移注意力

东汉末年战乱不断，有一次曹操带兵去攻打驻守宛城的张绣，当时正值酷暑，士兵们经过长时间行军都非常渴，可是军中的水早就已经喝完了。在这样的情况下，大家士气低落。

曹操派了很多人去找水源，可是跑出去很远都没找到，此时曹操清楚地知道如果再耽搁下去，军队就有发生暴乱的危险。于是他策马登上一座山岗，想要站在高处再看看能不能找到水源，可依然毫无所获。

究竟该怎么办呢？稍一思量，他想到了一条妙计。只见他在山岗上用手指着前方，大声对前进的士兵说："我看到前方有一大片梅林，那里有又酸又甜的梅子，大家再坚持一下，赶到那里，吃了梅子就不渴了。"

听到前方有梅子吃，士兵们都来了精神，于是一鼓作气走到了有水源的地方。

很明显，曹操是一位转移大家注意力的高手。转移注意力，就是当一个人处于紧张、烦躁的状态时，通过做一些不太相干的事情，从而转移对让自己紧张、烦躁的对象的注意力，获得一种轻松的状态，消除之前的紧张、焦虑情绪。擅长转移注意力，是高情商的一种表现。

那么，我们该如何转移注意力呢？

1. 思想交流法。当我们长时间承受较大的压力或处在烦恼之中无法排解的时候，可以找一个自己信任的朋友或家人倾诉，将自己心中的不愉快都说出来。这样做可以让我们释放烦躁和不愉快的情绪，让心情变得舒畅。

2. 目标转移法。当我们在生活或工作中因为某件事或某个人而烦躁、郁闷时，可以换一种方式缓解烦闷的心情，如上网、看电视、听音乐等。这样做可以让我们的注意力得到分散，及时缓解与改善烦闷的情绪。

3. 繁忙转移法。当我们觉得心情不好或心态不佳的时候，可以有意识地给自己多安排一些工作，让注意力集中到工作上而忘记烦恼，或者说因为工作太忙而没有时间考虑那些烦恼的事情。

4. 改变环境法。当我们觉得紧张、烦闷而又苦于无法改变时，可以暂时离开自己一直生活的环境，到一个景色优美的环境中，也可以对自己的居住环境进行改变，总之要让自己处于一个全新的环境。这是因为当我们处在长期固定不变的环境中的时候，通常会觉得沉闷、无聊，如果适当地改变一下生活环境，则会有一种新鲜感。此外，可以试着去交一些新朋友、培养一些新的兴趣爱好，这样做会让生活充满趣味，心情也不至于太过烦闷。

5. 心理暗示法。当我们心情烦躁、不高兴的时候，应该对自己进行积极的心理暗示，也就是尝试用积极的思维进行思考，可以告诉自己心情烦躁只是暂时的，是一种正常的心理反应；告诉自己乌云很快就会散去，阳光马上就会到来。此外，还可以多回忆一下以前发生在自己身上的那些美好的事情，这样做可以缓解由心理压力所造成的心情烦躁。

正确宣泄负面情绪

吴泰在北京工作的时候有个叫张桦的同事，这个人平时在公司人缘很好，对谁都是一副笑脸，吴泰几乎没看到他和人吵过架。

周末，吴泰邀张桦一起去爬山，当他们来到山上一片空旷的草甸时，张桦看到身边没人，就开始大声地吼叫。

吴泰觉得很奇怪，问张桦怎么了？张桦说："这是我的习惯。每当我心情烦闷或情绪低落的时候，我就会找个没人的地方吼几声，或者去唱歌，每次吼过或唱过歌之后我的心情就会好很多。怎么样，没吓着你吧？"

吴泰听了回答说："还好啊，原本我还奇怪为什么从来都没看到过你生气，还以为你没有烦心事，原来你也有烦心事，只是给自己找到了很好的情绪宣泄口。我应该向你学习，以后有了负面情绪，我也要找个正确的宣泄方式，不再胡乱发泄了。"

当今社会，我们每天都会面对很多压力，如工作上的压力、生活上的压力、人际关系上的压力等。这些压力在遭到某些事件的刺激后会转换为较强烈的负面情绪。如果我们不能适当宣泄这些负面情绪，就会很痛苦。那么，我们该如何合理宣泄负面情绪呢？

1. 流泪。当我们遭受负面情绪的困扰时，任性地哭一场，放肆地流泪，告诉自己这没什么可害羞的。哭过之后，我们会发现自己的心情好了很多，因为流泪可以快速、直接地帮我们排除“精神毒素”。

2. 深呼吸。当我们不开心的时候，可以对自己进行适当的放松，而深呼吸就是一种不错的方法，它可以让我们有效地减轻压力、放松身心。

3. 写日记。当我们遇到痛苦的事情时，可以把这些事情写在日记里。在用笔记录的过程中，我们能将整件事情的来龙去脉梳理清楚，从而了解我们是怎样处理这件事情以及这种处理方法存在怎样的问题。记日记在让我们的情绪得到缓解的同时，还能够让自己有所进步。

4. 实物宣泄。有些人在心情压抑的时候习惯摔东西，这就是实物宣泄，但是我们并不建议摔手机、酒瓶、杯子等，这样做不但会给自己造成经济损失，还很有可能会伤害别人。所以如果我们实在想摔东西，就摔一些不容易损坏的东西吧，如枕头等。

5. 想象宣泄。这里所说的想象宣泄，其实就是通过一些美好的想象让自己开心起来。通过想象让一些原本并不完美的事情变得完美，不开心的事情变得开心。

6. 音乐宣泄。音乐具有非常强烈的情绪感染力，它也是宣泄负面情绪的有效方法之一。当我们心情不好的时候，可以听听让人放松的音乐，这样心中的负面情绪很快就会烟消云散。

7. 倾诉宣泄。当我们遇到不愉快的事情而情绪低落时，最好能找一个信任的朋友向其倾诉内心的烦闷、忧愁，讲出来之后心情就会轻松很多。如果能得到朋友的安慰，内心的负面情绪自然会一扫而光。

8. 表情调节法。当自己不开心的时候，可以试试对着镜子做鬼脸，我们会被自己逗笑，同时发现自己很可爱，这样一来自然就不会不开心了。

9. 晒太阳。柔和的日光可以让我们改变烦躁、郁闷的心情，让负面情绪得到缓解。

10. 唱歌。心情不好的时候，可以约上三五好友一起去唱歌，将负面情绪通过歌声宣泄出来。

11. 大吃一顿。不开心的时候可以大吃一顿。

学会幽默很重要

“二战”时丘吉尔到美国访问，要求美国给予英国军事援助，当时他被罗斯福总统安排住在白宫。这天他处理完工作后洗了个热水澡，洗过澡之后他就光着身子在屋里散步，这是他的习惯。

正当他在屋里散步的时候，突然听到有人敲门，他以为是自己的随从，就说：“进来吧。”可谁知道走进来的是罗斯福总统。罗斯福总统看到丘吉尔光着身子觉得有点尴尬，想要离开。谁知道此时丘吉尔伸出双臂，大声对罗斯福说：“进来吧，总统先生，英国首相是没有什么东西需要向美国总统隐瞒的。”说完，两人相视大笑。

日常生活中，我们都喜欢和幽默的人待在一起，其中最直接的原因当然是他们能把我们逗笑，让我们拥有愉快的心情。其实，幽默的人除了能把人逗笑，让别人心情愉快之外，自身还拥有良好的心态与乐观的个性，也就是较高的情商，可以化解许多人际间的冲突与尴尬。幽默可以让人心情舒畅，从而调节神经中枢，有利于宣泄负面情绪，消除烦恼与疲劳。既然幽默如此重要，我们又该怎样培养自己的幽默感呢？

1. 培养幽默感从讲笑话开始。先多听别人讲笑话，然后广泛地收集笑话，我们所收集的应该是那些曾经让自己笑出来的笑话。等到把笑话收集够了，再对其进行分类，并且认真研读揣摩，务必找出每一篇笑话的笑点以及处理笑话的具体手法。如果条件允许的话，最好能将笑话背下来，试着用自己的话重新讲一遍，然后认真观察对方的反应，看看自己有哪些讲得不到位的地方。

此外，还可以收集一些自己觉得好笑的材料，如照片、电影、电视剧、书籍等，并且把这些材料记下来备用。

讲笑话的时候要注意三点：一是不要人家还没笑自己先笑了；二是笑话是不可以解释的，所以不要描述太多；三是不要让听的人有太高的期望，所以不要一开始就说："我来讲一个天底下最好笑的笑话。"

2. 有乐观的生活态度。一个每天愁眉苦脸的人是很难培养出幽默感的，人们只有在轻松乐观的氛围中思维才够敏锐，才能表现得幽默风趣。此外，要善于体谅他人，克服斤斤计较的狭隘心理，因为幽默是一种宽容精神的体现。

3. 不断扩大知识面。幽默是一种智慧的外在表现，它必须建立在拥有深厚的知识素养的基础上。所以，想要培养幽默感就必须广泛涉猎、充实自我，不断从各种书籍中吸取营养，从名人趣事中提取一些幽默的点子。

4. 积极培养洞察力。具体来说，就是要培养敏捷、机智的反应能力，对不同问题要认真分析，区别对待。处理问题时要积极灵活，做到幽默而不落俗套。

5. 自己要有说话的欲望。在与朋友进行交往时要学会积极沟通，在聆听别人讲话之后，也要敢于发表自己的意见与观点。

6. 学习笑的原理。笑其实是一种潜意识的行为，通常人们在遇到下面的事情时最容易发笑：一是相对于他人的优越感；二是紧张状态下的突然放松；三是期望与现实的巨大差异。

7. 向有趣的人学习。经常与有趣的人交谈，我们可以从中学到很多东西。在与他们交谈的时候，要认真观察是哪一点让其变得有趣，并找出自己所欣赏的地方。

自嘲是一剂良药

张大千是我国著名的画家，除了拥有超人的画技之外，他还很擅长通过自嘲来调节气氛。抗日战争胜利后，阔别家乡多年的他要从上海回四川老家去。临行之前一群好友设宴为他送别，还请来了当时的大明星梅兰芳先生。

宴会刚开始，大家请张大千坐首座，可他不同意这么做。他对在场的人说："今天很荣幸能和梅先生共聚一堂，梅先生是君子，理所应当坐首座，而我是小人，在末座陪着诸位就行了。"

大家听他这么说都很诧异，没人敢接话。就在大家纳闷的时候，张大千解释说："俗话说'君子动口，小人动手'，梅先生是戏剧名家，自然是动口的，而我是个画画的，自然是动手的。所以梅先生是君子，我是小人，我理该请梅先生坐首座。"

在场的人听了之后都为张大千的幽默所折服，最终决定让他和梅兰芳并排坐首座，而原本那种即将离别的伤感气氛也荡然无存。

简单来说，自嘲就是嘲笑自己、讽刺自己，这是幽默的最高境界，是一种智者中的智者、高手中的高手才能驾驭的高超语言艺术。

会自嘲的人是自信的，因为自嘲就是要拿自身的不足、失误来"开涮"，而不自信，没有豁达、乐观的心态的人是很难做到这一点的。那么，自嘲有哪些功效呢？

自嘲可以搞活气氛，就像文中的张大千那样。自嘲也可以消除尴尬，保住面子，在社交场合中，当我们陷入尴尬时，自嘲能够让我们体面地脱身。

自嘲可以向他人表现我们的豁达、乐观与人情味，而这样的人必然会有很多人愿意与他交往。

在面对众人发表演讲的过程中，如果能适时、适度地自嘲一下，会让听众觉得我们很有智慧与教养，而且这样做还能使我们与听众的关系更亲密，增加演讲的趣味。

当因为我们的失误引发对方的对立情绪时，如果能适时地自嘲一下会更容易获得对方的原谅。

那么怎样才能掌握自嘲的语言艺术呢？

1. 自嘲不可太过，不能超过一定的度。从本质上来说，自嘲是以自我为出发点的，是对发生在自己身上或身边的事进行调侃。这个时候如果我们的话“太假了”，如进行过于花哨的描述，就会失去原本的趣味，变得虚假而且没有丝毫意义，这样的自嘲只能适得其反。

2. 懂得分场合说话。当我们面对不同的环境与不同的人物时，讲话方式应该有所不同。自嘲也是一样的，在面对长辈、领导时，我们应尽量收敛一点，不要肆意地嬉笑怒骂。

3. 不可以重复讲。自嘲是在半开玩笑的状态下将要说的事情用语言描述出来，但是如果经常重复同一句话，就会让自嘲失去其该有的幽默色彩。比如，2012 年时很流行的“元芳你怎么看”，在当时是红极一时的热门词汇，可是今天再说出来就没那么大的吸引力了。

4. 必须有充足的自信。这是自嘲的前提条件，一个人如果没有充足的自信，就不太可能会拿自己某方面的缺点去开玩笑，而自信的人会坦率地承认自己的不足，甚至可以拿这种不足来开玩笑，而且在别人回应的时候也不会恼羞成怒。

5. 要能够放下一些自尊。如果一个人自尊心太强，不允许别人看到自己的一点点不足，那这样的人只会对自己百般维护，根本不会拿自己的不足来开玩笑。

6. 要有一定程度的自知。一个人只有有一定的自知，才能发现自身的某些缺陷，进而进行自嘲。

生活越简单越好

北京奥运会有一颗耀眼的明星——“飞鱼”菲尔普斯，他在北京奥运会上一共夺得8块游泳项目的金牌。大家都说他是天才，但他却说："我算是个天才吗？我也不知道是不是，我不知道什么叫天才。我的人生信条就是充满信心地过简单生活。"

那么，菲尔普斯的生活究竟有多简单呢？他的母亲说菲尔普斯的全部生活其实只有三件事，那就是吃饭、睡觉、游泳，他的教练说菲尔普斯从12岁到现在每天要在泳池里游上12公里，还要参加各种陆上有氧训练。在北京奥运村的时候，他每天除比赛和训练外，就是待在房间看电视、听音乐。

正是这样的简单生活让菲尔普斯可以全身心地投入训练中，不受外界干扰和诱惑，有更多的时间和精力去冲击人类的极限。

从菲尔普斯的故事中可以得出这样一个结论，简单的生活会让我们更加容易获得成功，或者说可以提高成功的概率。简单的生活能让我们将更多的时间与精力放在自己想要做的事情上。

然而在当今社会，简单生活并不容易实现，世界越来越复杂，我们的心也变得越来越复杂。那么，怎样做才能过上简单的生活呢？

1. 不要总是试图去了解他人的想法，也不要强迫他人了解我们的想法。凡事不要瞎猜、乱想，直接沟通、交流最省时省力。此外，只参加那些必要的会议，无关紧要的会议一律不要参加。

2. 朋友宜精不宜多。不要老是想着让周围的人都成为我们的朋友，要花时间去培养真心的朋友。

3. 将时间和精力放在自己最擅长的事情与主要目标上。可以根据自己的精力对生活进行调整与安排，要周期性地补充精力。

4. 控制过度消费和物质过剩。先从减少选择开始，放弃一些不重要的选择机会。不要太过追求完美，在做选择的时候一定要考虑好时间成本和机会成本，一旦做出选择，就不要为了其他放弃的选项后悔。学会丢东西，将根本不会用到的东西丢掉，舍弃对物质的迷恋，让自己处在自由自在的空间中。注意，选择物品时要问自己"我要不要用”。

5. 减少网络上的无效时间。在网络上只做自己必须做的事情，其他时间最好远离网络。

6. 学会拒绝。拒绝生活与工作中的各种无理要求，这样做可以节省大量的时间。

7. 负面情绪。焦虑、恐惧、抱怨等负面情绪会对我们产生影响，错误的应对方式只会让事情变得复杂。

8. 保持良好的生活习惯。积极锻炼身体，尽量减少伤病。

9. 保证充足的睡眠。

10. 搬到距离工作单位更近的地方生活。

11. 一次只做一件事情，并且全力以赴。做完一件事情再做另一件，做事情不要拖延。

12. 制作健康合理的菜单。

13. 放慢自己的脚步。认真享受自己所走的每一步路。

14. 对自己犯下的错误要努力改正，坚持不懈地学习。

15. 做事一定要有计划。特别是花钱一定要有计划，如果条件允许的话，固定每个月的借贷额，让财务收支变得简单透明。此外，还要养成储蓄的习惯。

16. 学会独处。试着一个人去旅游，找一个心仪已久的地方，完全依靠自己的能力在那里生活几天，抑或是去道观、寺庙隐居、自省一段时间。此外，如果我们总是陷入错综复杂的情绪无法自拔，最好能抽出时间让自己静一静，独处一段时间，直到自己厘清头绪，生活变得清楚、明晰为止。

17. 将手机收起来。与家人、朋友相聚的时候将手机调成静音状态收起来，最好放到自己看不见的地方。

18. 将工作与生活分清楚。不要将工作牵扯到下班之后的生活里，做不完的工作不要带回家。如果工作中你的心情压抑，请花几分钟时间休息一下，不要将负面情绪带回家影响家人。此外，周末在家的时候不要想着工作，周末就是要好好休息。

19. 每天冥想一刻钟。每天冥想一刻钟可以减轻我们的压力，简化我们的生活，让我们变得更加冷静。因此我们需要找一个舒适的地方静坐，调整呼吸，放松肌肉，让纷乱的思绪逐渐归于平静。

20. 简化我们的目标。与其同时定下很多目标，不如只定一个目标，这样做不但可以减轻我们的压力，还更容易获得成功。

别让完美给自己下套

从前，有一个渔夫为了维持一家人的生计，每天都要出海打鱼，日子过得非常紧张。有一天，他交了好运，不但打到很多鱼，还打捞到一颗漂亮的珍珠，如果将这颗珍珠卖出去，他们一家人的生活就会富裕起来。因此，渔夫非常重视这颗珍珠，晚上睡觉的时候也要放在怀里，早上一起来就要从怀里拿出来看一眼。

可是，他突然发现珍珠上出现一个小小的斑点，他难过极了，自从发现这个斑点后，他就吃不下、睡不着。考虑了很久，他决定将珍珠刮掉一层“皮”，希望能把斑点给除掉。但事与愿违，那个斑点并没被刮掉。于是渔夫继续刮，他想着再刮一次斑点总该掉了，可还是没掉。就这样，他重复地刮着，最终斑点消失了，但这时的珍珠已经被磨得只有绿豆大小了。直到这个时候渔夫才恍然大悟，他很后悔，要不是自己无法容忍那个斑点，就不会失去珍珠。

故事中的渔夫很明显是个完美主义者，他因为太过追求完美而一无所得。现实生活中这样的人和事有很多，有的人做一件事的时候往往会考虑再三，将所有细节都考虑清楚，除非万无一失，否则绝对不会出手，结果错失很多良机；有的人无法容忍自己出现一点点缺点或失误，结果将自己搞得苦不堪言；有的人无法容忍他人的缺点和错误，结果搞得自己没朋友。

追求完美本身没有错，但是如果过度追求完美，就显得有些可笑，而且很难得到幸福。因为当事情没有如其所愿完美地进行时，这些人会变得闷闷不乐、烦躁不安，在这样的状态下自然也就很难获得幸福了。那么，我们如何克服这种完美主义心态呢？

1. 对自己的要求不要太高。好好地对待自己，原谅自己的不足与过失，凡事只要努力就好，不必强求成功。应该接纳真实、有缺点的自我，为自己营造一个健康宽松的心理环境，让自己活得轻松自然。

2. 培养自信心。不要将注意力集中在自己的缺点和不足上，要多关注自己的优点和长处，积极培养自信心。比如，在晚上睡觉前，要将这一天自己所做的特别得意的事列出来，看看自己所取得的成就，只要坚持两周，我们就能改变自责的习惯。就算犯了错误，我们也应该及时记下可以从中吸取的经验教训。

3. 改变思维方式和观念。别人对我们的评价与赞美其实没有那么重要，我们不必太过关注。此外，要认识到出现错误是再正常不过的一件事，没什么大不了的。只要我们能通过努力改正自己所犯的错误，那就是不小的进步，此时我们应该为自己喝彩。

4. 对他人要接纳和宽容。不管身边的人是平庸还是优秀，都是值得我们尊重的个体，不管他们所表现出的特点让我们有多看不惯，我们还是应该尊重他们，不能要求每个人的表现都符合自己的心意。况且金无足赤、人无完人，我们不能总盯着别人的缺点，而不关注对方的优点，这样做会让我们失去朋友。

5. 能忍受不确定性。对不确定的事情引起的焦虑要学会忍受，不要被这种不确定性干扰和控制。要放宽心，不管什么样的结果都能坦然接受。

6. 不要完全满足别人。我们应该时刻记住，自己是没有办法取悦或满足所有人的，所以请接受这一点，别让自己活得太累。

7. 不要以自我为中心。请让自己从宇宙中心离开，不要想着一切都围着我们转，也不要想着所有事情都会按照我们的方式去运行。

8. 求佳不求优。我们在做事的时候所设立的目标应该更实际一些，这样一来我们的精神压力与受挫感就不会那么大，获得成功的信心也能更强一些。

越果断越清静

袁绍原本拥有四州之地，实力远远强于曹操，是当时最有希望结束乱世的人。可是他却在官渡之战中败给曹操，其中很重要的原因就是他优柔寡断，在很多关键时刻无法果断地做出决策。

某天，汉献帝在杨奉等人的保护下逃到了曹阳，他后边还有李傕率领的追兵。这时袁绍的谋士沮授劝袁绍出兵保护汉献帝，他说："将军您生于豪门，一心匡扶社稷，现在皇帝正在遭难，宗庙也受到破坏，而各地的地方官却忙着抢地盘，没有一个人站出来保卫皇帝，安抚百姓。而您现在拥有强大的实力，所以应该早点派人去迎接皇帝，然后在邺城建都，这样就可以挟天子以令诸侯，到那个时候还有谁能抵抗您呢？"

可是沮授的意见遭到了袁绍另外两位谋士郭图、淳于琼的反对。他们觉得把汉献帝接到身边，那做什么都得向其请示，而且如果服从汉献帝的命令就会失去权力，不服从的话又会有抗命不遵的罪名，所以他们觉得不应该派人迎接汉献帝。

沮授又劝袁绍说："迎接皇帝不仅符合道义，还符合当前的需要。如果不先动手，就一定会有人抢在我们前边，到时候后悔都来不及。"

可是优柔寡断的袁绍因为觉得他们双方说得都有理，所以迟迟难以做出决定，最终这件事不了了之。

当时实力不如袁绍的曹操果断地抓住了这个机会，他力排众议，亲自到洛阳去朝见汉献帝，然后借口洛阳残破，将汉献帝带到了许昌，从此将汉献帝牢牢控制在自己手中。曹操后来的成功在很大程度上是因为他所做出的这个选择。

后来，袁绍看到曹操借着汉献帝的名义号令四方又后悔了，就要求朝廷迁都到离自己比较近的地方。结果曹操不但不搭理他，还以汉献帝的名义下诏教训了袁绍一顿。

从袁绍的故事可以看出，一个人在需要就某件事做出决定的时候，如果优柔寡断，犹豫不决，不能果断地做出决定，那只会错失良机。此外，如果一个人做什么事都要前思后想，前怕狼后怕虎，那么其内心必然会受到煎熬。

所以，我们应该果断的时候就要果断做出决定，只有这样才能将纷繁复杂的局面理清楚。当我们做出一个决定后，别的选项就不用再考虑了，只要一心一意去做自己所决定的事就行了，内心也会更加清静。那么，我们如何才能变得果断呢？

1. 看问题要更全面。如果没有做好对问题的全面分析，那么解决问题对我们来说将是非常困难的，所以我们在分析问题时一定要考虑得更全面，这样在需要做决定时才不需要考虑太多。

2. 树立自信心。有自信的人大多乐观、勇敢、开朗，这样一来在需要做决定的时候自然会比较果断。

3. 不要胆怯怕事。每个人的性格各不相同，如果你的性格有些懦弱，怕出问题，那就应该想办法让自己变得勇敢，要多磨炼自己的胆量，学会果断地做出决策。

4. 懂得取舍。当我们权衡一件事的时候，也就到了需要我们舍弃一部分东西的时候。只有果断舍弃，才能得到自己想要的部分。

5. 逐渐提高能力。解决问题是需要强大的能力支撑的，有时候看起来是简单的决策问题，其实是能力问题。如果我们缺乏能力，自然很难对某件事做出判断。所以，我们还是应该努力提高自己的素质，扩大知识面，逐渐提高自己的能力。如果我们觉得自己面对重要事件时实在无法做出决定，那就先从小事做起，让自己的决断能力随着一次次的锻炼，最终获得提升。

6. 问更有效的问题。当我们没有掌握足够的信息时，很有可能会举棋不定。这个时候，我们要做的是问一些更有效的问题，我们需要从这些有效的问题中得到我们想要的信息，而这些信息将帮助我们尽快做出决定。

7. 调节心理压力。有些人经常因为心理压力的问题而无法果断地做出决定，所以我们应该对心理压力进行调节，不要焦虑和急躁，否则很容易影响我们做出决定。

8. 制定决策的最后期限。我们在做一件事的时候，一定要给自己设定一个做出决策的最后期限，如在周五晚 8 点之前必须决定周末去哪旅行等。此外，我们还应该至少告诉另一个人这个最后期限，好让这个人在最后期限到来之前提醒我们。

9. 寻求朋友的帮助。我们可以找一个团队之外的、与我们要做的事没有任何利益关系的人对我们要做的事提出意见。我们可以权衡他们所提出的反馈信息以及意见，并做出最终的判断。

要善于自我表达

秦国取得长平之战的胜利后，派出大军围困赵国都城邯郸，赵国危在旦夕。此时赵国派出使者向各国求救，而平原君赵胜亲自向楚国求救。在启程去楚国前，平原君想从门客中挑选20名精明强干的人与自己一起去楚国，可是挑选了19个人之后，最后那个人怎么也选不出来。

这个时候，有个叫毛遂的人主动站出来要求跟随平原君去楚国，而平原君对他一点印象也没有。于是平原君问他："先生来到我的门下多久了？"毛遂回答说："三年了。"平原君说："我听说有才能的人在这个世上就像是锥子处在囊中，它的尖梢很快就会显现出来。而您已经到这里三年了，我却从没听到称赞您的话，这是因为您没什么才能啊，所以您还是不要去楚国了。"

这时毛遂回答说："我不过是今天才请求进到囊中而已，如果我早一点进到囊中，就会像那个锥子，整个锋芒都露出来，而不仅仅是尖梢。"平原君觉得有道理，就带他一起去了楚国。

到了楚国，楚王只见平原君一个人，二人从早上谈到中午都没有谈妥合纵抗秦的事。这个时候，毛遂拿着剑走上台阶，大声地说："合纵抗秦的事很简单，为什么这么久都没有谈好？"楚王看他这么无礼，便问平原君："这是什么人？"平原君说："这是我的门客。"

楚王一听只是个门客，就大声呵斥毛遂说："现在我在和你的主人说话，哪里有你讲话的份？还不赶快下去。”毛遂不但不退，反而走上前，手握着剑柄对楚王说：“您现在这么训斥我，大概是因为楚国人多势众罢了。可现在十步之内，您的命掌握在我的手中，您指望不上别人。况且现在我的主人在旁边，您斥责我是为什么？从前商汤和周文王之所以能统一天下，难道是因为人多势众吗？现在楚国拥有强大的实力，却被白起打败三次，还侮辱了您的祖先。这样的仇恨是赵国都感到屈辱的事，而您还不知道羞耻。现在合纵这件事其实是为了给楚国报仇，而不是为了赵国啊。”

楚王被毛遂说服了，马上与平原君歃血为盟，然后派兵援救赵国。

显然，毛遂是一个善于自我表达的人，他在关键时刻敢于自荐，在受到平原君的质疑时通过精彩的言论表达了自己的信心，在受到楚王的训斥时又用铁一般的事实说服了他。所以，毛遂是一个自我表达的高手，自然也是一个有着良好心理素质的情商高手。

然而，当今社会有很多人不善于自我表达，有的人虽然心中有很多想法，但是不知道怎么说出来，以致经常默然独坐，没有人欣赏；有的人心里有想法，也可以表达出来，但是因为方法不当无法达到想要的目标，甚至有可能适得其反，因此还不如什么都不讲。

自我表达能力不好，会导致我们在与人交流时出现重重困难，因为对方没办法清楚地了解我们的真实想法，这对我们的个人发展非常不利。所以，我们应该想办法提高自己的自我表达能力，虽然不一定每个人都能成为大演说家，但起码我们应将自己训练成为一个具有说服力的人。那么，我们该如何提高自己的自我表达能力呢？

1. 多在公众场合发言，不要害怕。不要放过那些在公众场合发言的机会，讲话的时候不要关注别人，而要专注自己的思路。当我们站在台上的时候，不要直视台下的人，可以将下面的人都当作木偶。此外，在说话的时候声音要大一些，让身边的人听得见，我们要相信自己是有权说话的。如果我们的心里还是有些害怕，可以将担心的事往好处想，不要太在乎那些让自己害怕的东西，慢慢地我们就敢于自我表达了。

2. 摘录经典语句。将自己看到的一些经典的句子抄写在笔记本上，每天读上几遍，培养一下语感，时间长了我们自然就能妙语连珠。

3. 组织好语言。很多人说话时总是说重复的话，同样一个意思用不同的话说好几次，不但自己尴尬，听的人也会觉得啰唆。所以，组织语言是非常重要的。具体来说，就是看书的时候要大声读出来，在视觉、口语与听觉上强化训练自己的感觉，时间长了就能积累一定的经验，大脑也会形成固定的逻辑。

4. 语言要简短，尽可能做到一针见血。话并不是越多越好，只要能将我们的真实想法表达清楚就行，所以语言最好精简，用一句话能说明最好。说得多了反而会分散听众的注意力，无法有效地传达自己想要表达的意思。

5. 讲话时尽量多用数字。说话时多用数字能让语言变得更生动，更有说服力。

6. 用笔写下想要表达的东西。这一条是针对平时讲话颠三倒四的人说的，如果听众是熟悉我们的人，会知道我们在说什么；如果听众对我们不熟悉，那就很有可能听得一头雾水。所以，应该提前写下自己想要说的内容，尽量让写的东西口语化，不断地读、不断地修改，慢慢就会养成好习惯。

7. 多看咨询类以及访谈类节目。这样的节目能够让我们更好地学习别人的说话技巧。

8. 训练判断力。这种能力对语言交流是非常重要的，在与人交谈时如果我们判断有误，很有可能会给出与自己本意相反的回答，从而加深误会。

9. 要多说有力量的话。说话时要直截了当，行就是行，不行就是不行，不要说“我看”“我想”，而是应尽量说“我认为”，这样我们说的话才有力量。

10. 不要花言巧语，不要故作姿态。讲话时不要一味使用华丽的辞藻去渲染，更不要哗众取宠，故作惊人语。此外，要尽量使用大众化的语言。

11. 模仿是最好的学习。我们可以找一个自己比较欣赏的专业演讲家或名人的演讲录音、录像，进行模仿，我们不但要模仿他们的声音，还要模仿他们的语调、肢体语言、语速、语气等。这个时候不要想着要有自己的风格，因为我们还处在学习阶段，需要做的是兼收并蓄。此外，最好对着镜子与自己说话，反复练习，这样我们才不会紧张，此时我们可以将自己想说的内容慢慢表达出来。

12. 讲话时要注意听众的表情。讲话时要注意看听众听我们讲话时的表情，以便适时地调整自己所讲的内容、语气等。千万不要自说自话，完全不顾听众的感受。

13. 说话时要注意节奏。在和别人说话时尽量不要说得太快，否则对方很有可能根本就弄不明白我们在说什么。说话时语速应该慢一些，声音要响亮一些，这样听众会觉得我们的每一句话都是发自内心的，是经过深思熟虑后才讲出来的，他们会更愿意听我们讲话。

学会拒绝别人

下班时，同事问张慧："要不要一起去唱歌？"同事的邀请让张慧很为难，她早就想好晚上加班把老板明天要看的文案赶出来，但是她又不好意思拒绝同事，于是她在心里对自己说："大不了今天晚上少睡几个小时。"于是，她接受了同事的邀请。

就这样在唱歌的时候，心里有事的她全程心不在焉，同事还以为她生病了。好不容易等到唱完歌，同事觉得饿了，又提议一起去吃烤肉。虽然张慧很清楚如果再去吃烤肉，文案是肯定做不出来了，但还是无法对同事说出拒绝的话，只好又跟着去了。

结果这天晚上，她们玩到凌晨 1 点才回家，此时张慧根本没有力气去做文案，洗个澡就睡了。结果第二天上班的时候老板问她要文案，她却拿不出来，老板的脸色难看到了极点，此时的张慧也懊恼不已。

张慧因为不会拒绝同事的邀请而惹了麻烦，生活中有很多人都和她一样无法对他人说出拒绝的话，有时候甚至“死要面子活受罪”。那么，为什么我们难以拒绝别人呢？其中有很多原因，最重要的是怕得罪人与怕丢面子，怕别人认为自己是个自私的人，其实这样的想法不完全正确。

我们不应该勉强自己，强迫自己去做那些自己不愿做抑或是根本就做不到的事情。我们应该集中精力去做自己想做而且可以做好的事情。那么，我们该如何拒绝别人呢？

1. 拒绝时要平和冷静。拒绝他人时应该尽量平和冷静，不要愤怒。要让对方有台阶下，让其在心理与情感上更容易接受。此外，在直接拒绝时还要将拒绝的原因讲明白，可能的话还应向对方表达我们的谢意，以此表明自己通情达理。

2. 要用温和的语言来婉言拒绝。与直接拒绝相比，温和的拒绝更容易让人接受，因为它在更大程度上保全了被拒绝者的尊严。

3. 当面对难以回答的问题时，应暂时沉默。如果对方提出的要求很棘手，甚至具有侮辱、挑衅的意味，不妨沉默以对，静观其变。这样的拒绝所表达的是无可奉告的意思，通常会产生非常强大的心理威慑力。但是需要注意的是，这样的拒绝方法如果运用不当，很有可能会伤人，所以可以尝试一下避而不答、“顾左右而言他”的方法。具体来说，就是不说“行”，也不说“不行”。这样做可以搁置问题，转而讨论别的事。特别需要注意的是，千万不要通过撒谎来拒绝，因为一旦谎言被拆穿，对人际关系的伤害将是灾难性的。

4. 在拒绝之前要先认真听取别人的诉求。我们可以请对方将其处境与实际需要讲得更清楚一些，这样我们才知道具体怎么做才能帮到他。我们这样做会让对方有被尊重的感觉，这样一来，当我们婉转地表示拒绝时，也能将伤害降到最低，或是避免让其觉得我们在应付。

5. 拒绝后给对方一些建议。拒绝之后，我们可以给对方提供一些可行的建议，过一段时间后还要主动关心一下对方的情况。这样做能够起到安慰对方的作用，而不会让其陷入孤立无援的境地。

养成坚持写日记的好习惯

今年35岁的黄玲是一家公司的人事经理，她有一个很好的习惯就是写日记。她从初一时就开始写日记，一直坚持到今天。她刚开始写日记是因为受到语文老师的影响，那时候老师经常对他们说写日记有多好多好，她就听进去了。

一开始，她所记的都是每天在学校和家里的事，那时候她记下这些事只是单纯地怕以后会想不起来，后来她还会把一些内心感受写下来。她的日记陪伴她走过了人生中最美好的年华，也记录了关于她的点点滴滴，如家庭、升学、暗恋、热恋、毕业、工作、结婚、怀孕、成为妈妈等。

有时候，闲着没事的她就会打开抽屉，将自己珍藏的日记拿出来翻看，完全以一个局外人的身份去看自己，她会认真反省自己以前那些做得不好，甚至做错了的事情。有时候看看以前发生的事，她会唏嘘不已，与此同时，她也会感叹人生的美好。

开头的小故事向我们介绍了一个有着写日记习惯的人，并且提到了写日记的各种好处。那么，坚持写日记具体有哪些好处呢？总结一下，主要有以下几点：

第一，日记可以帮助我们珍藏那些美好的回忆，当我们翻看日记的时候，往日的时光会重现在眼前。所以说日记是岁月的保险柜，可以让我们拥有更加丰富的人生。

第二，写日记是自己与自己交流，是自己与自己说说心里话。这样做可以让我们逐渐形成更有深度的内心世界。

第三，写日记可以加深语言文字功底。写日记的时候可以积累大量的写作素材，在积累写作素材的同时，我们的文字功底也会得到提高，写出的文章也能更有层次感。

第四，促进自我反省与提高。翻看以前的日记可以让我们学会自我反省，还能让我们找到以前的不足，在以后的日子里不断完善，这样一来自己就能获得提高。

第五，锻炼意志力。写日记必须长期坚持才行，并不是一天、两天的事，这需要强大的意志力才能完成。因此，坚持写日记能锻炼我们的意志力。

第六，坚持写日记能够让我们发现生活的美好，让我们更加懂得生活，珍惜生活。

那么，怎样才能养成写日记的习惯呢？

1. 明白日记并不是每天都要记，而是随性而记。很多人都认为日记就要天天记，这是错误的认知，因为并不是每天都会发生值得写到日记本里的事，所以不必每天都写日记。想写的时候我们可以每天都写，不想写的时候我们可以几天不写，只有这样写日记才是一种享受，而不是负担，我们才能长期坚持写日记。

2. 内容没有局限。写日记的时候一方面可以对生活进行记录，另一方面还可以从书籍、电影中寻找灵感，可以写写读后感，甚至游记。这样素材多了，我们自然就有了写下去的欲望。

3. 有仪式感。选择一个好看的、自己喜欢的笔记本，然后再准备一支或几支自己喜欢的笔，让自己有写日记的冲动。

4. 可以给日记编排序号。我们可以规定当写到第一千篇日记的时候，与家人或是朋友出去好好庆祝一下。

5. 严格要求自己，必要的时候要惩罚自己。如果哪一次需要写日记而没有写，我们可以给自己一个严厉的惩罚。

控制自己的欲望

看过这样一段话：我们的心其实就是一块田，你不在那里种玫瑰，它就会长出荆棘。喜悦就是使我们富有的玫瑰，贪欲就是使我们贫穷的荆棘。一个内心被各种贪欲所捆绑的人，他实际上是这个世界的苦役，只是他自己不知道而已。欲望乃生之伴，冷漠乃死之伴。任何一种生命都是有欲望的，最基本的欲望就是生存、活着，更高层次的欲望则引领着人类不断地满足自我需求、不断地进化发展。然而，欲望的两端，却系着截然不同的两面，一面是天使，一面是魔鬼。一旦失控，就会坠入无底的深渊。欲望是无边的海水，喝得越多，越是口渴；欲望是天性的召唤，心为形役，神为欲伤；欲望是灵魂中的痒，越痒越搔，越搔越痒。

14世纪初期，爱德华发动政变，将当时的比利时君主，自己的哥哥雷力德三世囚禁起来。爱德华把哥哥关进了一个房间，并向他承诺：只要能够从房间里走出来，他就可以拿回自己的皇位。而这个房间有门有窗，且从不上锁。但关键问题在于雷力德三世身形过于肥胖，要想从这些正常尺寸的门窗中走出去，重登皇位，他就必须痛下决心、节食减肥。世人皆感慨爱德华的宅心仁厚，雷力德三世也明白，只要能够抵制住美食的诱惑，他便可以重归往日的辉煌。可惜的是，雷力德三世没有被爱德华囚禁，却被自己的贪欲所囚禁，越吃越胖的他在那个房间中整整待了十年，直到弟弟爱德华战死后才被放出来。但多年的胡吃海塞早已夺去了他的健康，出来后不到一年，雷力德三世就一命呜呼了。

欲望就像一匹脱缰的烈马，要想更好地驾驭，人心里必须拥有理性与智慧；欲望就像一棵无法除根的树，只要经常修剪，也会形成一抹艳阳下的阴凉。“人是欲望的产物，生命是欲望的延续。”正是有了沟通的欲望，人类才发明了语言；正是有了探险的欲望，哥伦布才发现了新大陆；正是有了飞翔的欲望，地上的人才得以翱翔碧空；正是有了依赖的欲望，孤独的人才组成家庭、构成整个社会。从客观上讲，人的欲望有生理的，也有心理的，有复杂的，也有简单的，有原始的，也有高级的，物欲、食欲、情欲、表现欲、求知欲……我们前进的每一步都是源于对欲望的不断追逐，有了欲望才有了这个多姿多彩的世界。追求学习上的进步、工作上的成绩、生活上的幸福，这些都是正当的欲望，应该得到满足；但有些人一味地追求金钱、名利、美色，沉湎腐朽，欲壑难填，这就是邪恶的欲望，必须严加规范与约束。如果说满足正常的欲望，是人类进步的表现，那么控制邪恶的欲望，更是人类文明的要求。

保持理智，警惕自己的欲望。经常审视自己的生活，反省自己是否正被欲望所控制。你有没有一时沉迷于某种网络游戏，整日茶不思饭不想？你有没有沉醉于那些路上的风景，不顾归期将至，只求享受停不下来的旅行？你有没有执着于一次无果的爱情，将亲人的苦口婆心统统抛在脑后？你有没有不甘于一场未能晋级的评比，妒忌的眼神只盯紧了讲台上那侃侃而谈的身影……我们似乎常常会被自己的欲望支配，做一些伤人害己的傻事情。所以，在生活被欲望搞得一塌糊涂之前，我们必须理性思索、平复心情，把自己的欲望控制在合理的尺度上。

端正心态，正视自己的欲望。现实生活中，我们总是好高骛远、急功近利，这山望着那山高，急于将财富、权力和荣誉全都攥在手中。但它们往往会成为生命中不能承受之重，即使早早地得到，也会偷偷地溜走。“急，是因为弱者思维。”不要贪恋太多自己尚且承载不起的东西，生活的路需要一步步走，总有一天，你定能稳稳地悉数摘取那些荣誉。当然，追求权力、荣誉、财富并没有错，关键是要调整好心态，不可操之过急。夯实基础，打好根基，从低处做起，从小处做起。要有大海广纳百川，却不弃涓流细滴的情怀，追求漫长的积累，拥抱持久的成功。

提高能力，平衡自己的欲望。很多人能力平平，欲望却无止境，眼看着别人少年得志，不禁埋怨自己生不逢时，损害了心理健康，滋生了负面情绪。最佳的解决之道是不懈学习，追求进步，努力充实，完善自己。根扎得够深，站得就够高，当然就看得见更远的风景。同时，还要学会抑制和释放过多的欲望，给自己找一个宣泄的出口：瑜伽、音乐、旅行、看书、睡觉……根据自身实际选择一种适当的表达方式，调节情绪、缓解压力、养身养心、消弭过分的贪欲。

爱尔兰剧作家萧伯纳说：“生活中有两个悲剧：一个是你的欲望得不到满足，另一个则是你的欲望得到了满足。”我们不能丧失欲望，也不能放纵欲望，必须正确对待生命中的欲望，把握好尺度。不要放任欲望漫无边际地疯长，要做欲望的主人，主宰自己的人生。

活出崭新的自己

小薇出身于一个普通的工人家庭，自认为外在条件一般，学习成绩一般，人际关系也一般。从小到大，她都是那种不会惹人注意的女孩，不出格也不出彩，一直过得平平淡淡。从一所二流大学毕业之后，小薇进了当地的一家民营企业，依旧延续着自己以往的风格，不出风头也不拔尖，只是尽职尽责、规规矩矩地做好本职工作，按部就班地上班、下班……就这样，几年的时间过去了，比小薇后进入公司的年轻人都渐渐成了她的上司，只有小薇依旧原地踏步、止步不前，似乎一眼就看透了所谓的未来与明天。

小薇有些心灰意懒，她打算去别的地方换一份工作试试看。临走之前，她向一直与自己关系不错的部门经理道别，并鼓足勇气向对方提出了在自己脑海中盘旋了好几年的工作建议和相应的整改意见。谁料，经理听后竟然对她的想法大为欣赏，鼓励她将这些想法整理成改革方案，让公司老总亲自看一看。小薇接受了经理的建议，拿出了自己的热情，在接下来的一个月里整理出几十页的文字材料，一针见血地指出了公司在行政管理、销售策略、组织构架等方面存在的问题，并一一提出了具体可行的对策。没过几天，小薇接到了老总亲自打来的电话……若干年后，已经在圈中颇负盛名的女强人小薇，依旧非常感谢那个如常的下午，部门经理与自己的那段不平常的谈话。她清楚地知道，走出经理办公室的那一刻，她就不再是从前的那个小薇，而是另一个崭新的自己。

小薇无疑是幸运的，就在她对生活茫然，失去方向的时候，遇到了自己人生的转折点，而这次转折的出现，正是因为她在辞职之际的一次勇敢进言，挣脱了自己一贯的人生轨迹与路线。没有人生来就该做“一般”人，这也一般，那也一般，甚至整个人生都显得毫无亮色、灰头土脸；也没有人生来就该卓越非凡，他们之所以活得精彩，正是因为敢于抛弃旧自我，树立新观念。这个世界是不公的，但又是相对公平的，它给了一些人与生俱来的地位，也给另一些人留下了上升的渠道与扭转命运的空间；这个世界是多变的，但也可能是一成不变的，身处其中的人有着各自的位置，站得或高或低，脸上忽明忽暗，已经活得风光的人当然各种春风得意，但那些暂时平凡的人却必须不甘于平凡。走过弯路的人，不应任由自己越发堕落深陷泥潭；平庸无能的人，不应终其一生仰望别人头上的光环；走上坡路的人，务求时刻警醒不断超越自我；身居高位的人，务必谨言慎行努力让自己走得更远……每一个人都应完善自我，以便百尺竿头更进一步；每一个人都应改造自己，甚至在必要时重塑自我，从而令前路明晰、人生逆转。

活出崭新的自己必须努力“充电”。知识大爆炸的时代里，每个人都在逆水行舟，不学习、不进步，就会不可逆转地退步，分分秒秒被淘汰出局。如果不及时更新自己的知识结构，丰富和完善专业素养，你就会感觉越来越吃力，感觉自己的能力和水平大不如前。不学习的人连维持现状都无法做到，就更不要提超越与发展。所以，我们必须首先老老实实低下头去，抓紧每一分每一秒，求知若渴地不懈学习、终身学习。从书本中学习，从既往的经验中学习，从实践操作中学习，也从周围的每一位同事前辈身上学习。既学习专业知识，又学习人生经验，既提升业务素质，也增强品格修炼，在成为“能吏”的同时，做一个好人，做一个好官。

活出崭新的自己必须敢试敢闯。你害怕“枪打出头鸟”，你不敢抛头露面，你永远觉得站在众人身后会更安全，那么你也只能在安逸中沉沦，在懦弱中平凡。通往成功的路总是无比凶险，如果你一直瞻前顾后，如果你只想护得自己周全，那么你一定到不了人生的顶峰，那里虽然冷峻奇绝，但有着“一览众山小”的气魄，有着贪恋平地的人终其一生也领略不到的风景。索性抛却一切顾虑，跨越一切羁绊，凄风苦雨中踽踽独行，再苦再难也要咬紧牙关。正如“大满贯”网球选手李娜所说的那样：“自己选择的路，就是跪着也得把它走完。”人的一生，总该有一些挥洒青春、热血沸腾的片段。有梦想，就该去闯、去试、去打拼。既然选择了远方，便只顾风雨兼程；既然目标是地平线，留给世界的就只能是背影。

活出崭新的自己必须一往无前。超越和再造自己绝不是空口说说那么简单——你可知，一只蛹要经受住多少个日夜的无边黑暗才能破茧成蝶？一只凤凰要忍过多少次烈焰灼身才能浴火重生？我们对于自己改造和修补的过程也会如此，甚至更难。在决定挣脱平庸之前，不妨先问一问自己，你能否有魄力向自己举起手术刀？你是否能够接受与那个习以为常的自己一刀两断？那种硬生生的割裂和血淋淋的缝合很可能会成为你生命中不能承受之重，所以，在做出决定之前，你必须准备好自己的决心、毅力、忍耐与胸怀，你必须破釜沉舟、一往无前。

如果你日日虚度光阴，感觉这生活一眼就看到了尽头；如果你心生乏味厌倦，感觉这并不是年少轻狂时曾经描绘过无数次的明天；如果你自感压抑苦闷，感觉自己已经到了“不在沉默中爆发，就在沉默中灭亡”的生死关头。那么，请赶快动起身来，摆脱生活那平庸腐朽的惯性，努力碰撞出激情四射的火花，即使只燃起一簇小小的火苗，你也能从那鲜活跳跃的火花之中，寻觅到一个焕然一新的自己。

要由自己来定义幸福

从前，有一个憨厚实在的非洲农夫经营着一个小小的农场，与全家人一起过着平淡安静的幸福生活。一天，当地的聪明人跑过来与他闲聊，农夫从交谈中了解到——在这个世界上有一种珍贵的宝贝叫作钻石，拥有拇指大的一块钻石，就可以拥有属于自己的城市；而拥有拳头那么大的一块钻石，甚至可能会拥有整个国家。当天晚上，农夫翻来覆去地睡不着觉，他琢磨着怎样才能拥有属于自己的钻石，过上一种与现在截然不同的生活。第二天一早，农夫忍痛卖掉了农场，挥泪告别了家人，踏上了寻找钻石的漫长旅程。

农夫先是寻遍了整个非洲，结果一无所获；他又继续去欧洲寻找，依旧两手空空；走到西班牙的时候，他已经筋疲力尽，心灰意懒，从家里带出来的钱也全都花光了。农夫觉得自己再也没脸回去见家里的人，于是，他纵身跳进了巴塞罗那河，谁料竟然连寻死都没能成功。

农夫满心沮丧地回到家里，买下他农场的那个人却一见到他就感激涕零地跑过来和他拥抱、握手。农夫不解地跟随此人来到了那片已经不再属于他的农场，在晨光的映衬下，整个农场闪着一片吉祥的霞光，遍地都是灿烂夺目的钻石。

其实，幸福就在我们身边，根本无须跋山涉水地去其他地方寻找。我们唯一要做的就是努力发现藏在身边的幸福，否则，即使我们整日走在遍地的钻石上，也会舍弃所有这些宝贵的美好，而去盲目地奔劳。

说到幸福，其实是一件极为主观的事物，是我们心中的一种自我感受。人之幸与不幸，说到底其实与金钱、地位、美貌、健康、学识等种种附加概念无关，全在于你心灵的真实判断。所以，那些总是怨天尤人、叹其不幸的人，并不是真的从未受过幸运之神的眷顾，反而已经得到了很多，但正因为他们的心里盛满了太多的苛求与欲望，才会安静不下来，根本无暇把握自己现在拥有的一切，无暇体会心灵真正的所感所想。“骑着驴骡思骏马，官居宰相望王侯”，有的人之所以感觉自己不幸福，不是因为他拥有的太少，而是因为他期望的太多。环顾四周，人们似乎总是这样，老觉得别人的生活风光无限，对于自己的幸福却选择视而不见。这是一种多么令人遗憾的错误！请相信，幸福就在你的身后，只要你愿意暂时停下急匆匆的脚步，缓缓地转过身去，就会迎头遇上满满的幸福。寒冷时一个温暖的怀抱、饥饿时一顿丰盛的晚餐、口渴时一杯热气腾腾的清茶、寂寞时一种永不离开的陪伴……这些都是你所能定义的幸福。只要你愿意付出真心，就会由衷地感觉到，幸福其实无须寻寻觅觅，甚至可以来得极其容易，当你用心体会时，生活中每一个细碎的瞬间，都可能成为幸福的不竭源泉。

当然，安于身边的幸福，并不是教唆我们不思进取，小富即安，呼呼大睡地躺在曾经的功劳簿上。而是教会我们懂得取舍，看破名利，恰如其分地辨别事业上的进取心和个人物欲。每个人的宿命总是会有所不同，出身有高低，能力有大小，我们当然要认清并接受这个现实，但快不快乐，知不知足是我们自己所能选择和把握的。我们应该明白，幸福绝不应是追求名与利的最大化，而是在世俗的喧嚣和诱惑中，始终保持自己内心的一份宁静。由此，我们也就可以为自己的幸福下一个定义——不去和别人计较，也不去觊觎非分之物，努力生活，踏实工作，用今天的付出换取明天的美好，一直走在路上，这就是幸福！

孔子曾经称赞弟子颜回："一箪食，一瓢饮，在陋巷。人不堪其忧，回也不改其乐。贤哉，回也！"吃得饱，穿得暖，就充满喜乐，这也应该是我们对于幸福的定义。试想一下，如果我们能够真的这样诠释幸福，那么，我们生命中的每一个日升日落，每一次雨霁天晴，都将浸润着满满的幸福和暖暖的感动。

摒弃浮华，拒绝诱惑，生活中少一点贪婪，少一点欲望，就多一分快乐，多一分幸福。那么，幸福到底是什么呢？一千个人可能会给出一千种答案。只要你相信，幸福无须非富即贵，幸福真的从未走远！

Chapter 3

自我激励篇：走出生命的低潮

正确面对逆境

西汉开国功臣韩信年轻的时候非常穷，连口饱饭都吃不上，常常需要寄居在别人家，所以很多人都讨厌他。

那个时候，有个亭长觉得他不是平凡人，对他不错，因此韩信经常去亭长家吃饭，长达数月。后来，亭长的老婆厌恶他，就不给他准备饭，韩信明白她的意思，于是一怒之下拂袖离去。

此后，他就在老家游荡，每天都是饥一顿饱一顿。这天，他在大街上闲逛的时候遇到了一个屠户，屠户拦着不让他走，当时很多人围观。屠户非常看不起他，对他说："你虽然长得高大，又整天佩着一把剑，但我知道你其实是个胆小鬼。现在要是你不怕死，就拿着剑杀我；如果怕死，那就从我胯下钻过去，否则你今天是过不去的。"

韩信听了之后没有说话，只是认真看了屠户一番，然后趴在地上从他的胯下爬了过去，这个时候满大街的人都在笑韩信胆小懦弱。

陈胜、吴广起义之后，在江东起兵的项梁也率军渡过长江北上，这个时候胸有大志的韩信投奔了项梁。但他在军中默默无闻，项梁战死后他又跟随项羽，但项羽只是让他做郎中，而且并不采纳他的计谋，于是他离开项羽投奔刘邦，最终在萧何的极力推荐下被刘邦任命为大将军。刘邦对他言听计从。

后来韩信为西汉的建立立下汗马功劳，所以被刘邦封为楚王，于是身为楚人的韩信衣锦还乡了。回到家乡后，他召见了当初侮辱自己的屠户，封他官职，然后对身边的将领说："这个人是位壮士，当初他侮辱我的时候难道我不能杀了他吗？只是考虑到杀了他也无法扬名，所以就忍了下来，这才有了现在的成就。”

生活从来都不会一帆风顺，逆境更是经常出现。那么，当我们面对逆境时该怎么办呢？是破罐子破摔，还是躲避在幻想之中，抑或是逃避现实、消极对待？这些都不是应该有的正确态度。面对逆境我们应该像韩信那样，理智分析、冷静面对，然后积极进取，彻底战胜逆境。以何种态度面对逆境，集中体现了一个人的情商。那么，我们该怎样面对逆境呢？

1. 理智地对待逆境。在遭遇打击时，我们应强迫自己保持冷静与理智，认真分析逆境产生的具体原因以及眼前的处境，看看问题究竟出在哪里，找出不足之后再努力改进、提高。要能够审时度势，积极地思考解决问题的办法。有了对策之后积极地行动起来，只有行动才能让我们最终走出逆境。

2. 不要抱怨，只求解决问题。遇到逆境的时候不要有过多的抱怨，这样只会无谓地浪费时间。我们要做的是掌控好情绪，就算受到委屈，也要顾全大局。还要用冷静的头脑去弹性面对，保持淡定，从而在逆境中找到问题的最佳解决方案。

3. 做好人生规划。身处逆境的时候不能从此一蹶不振，而是应该及时总结经验教训并积极提高自己的综合能力与素质，根据自己所掌握的资源，努力寻找人生的突破口，做好人生规划。此外，我们应该多积累一些有益的经验，为以后要做的事情打好基础。

4. 增强挫折容忍力。这里所说的挫折容忍力，具体是指一个人在遭受挫折或面对逆境的时候能够摆脱不良情绪所带来的影响，让心理得以保持正常的能力。这种能力越强就越能够在逆境中稳步前进，以微笑面对周围所发生的一切。

挫折容忍力的强弱在一定程度上取决于一个人的生活经历与社会阅历，经历过艰难困苦的人对挫折的承受力自然也比较强。此外，要想增强挫折容忍力，就必须积极锻炼身体，多参加社会活动，努力提高自己的文化素质，完善个性。

5. 独立自主。一定要摆脱依赖思想，不要总是想着让别人帮我们解决问题，这些都应该是我们自己动手去做的事情。

6. 向朋友寻求帮助。如果在解决问题时需要朋友的帮助，就应该大胆地提出来，这没什么可害羞的。但是最好不要拿友谊当筹码，肆无忌惮地向朋友索取。正确的做法是将求助的内容细化为举手之劳，然后分摊给多个朋友，这样一来就不会给朋友造成过重的负担。

7. 提高心理素质，积极自我调整。首先，我们要对未来抱有积极乐观的态度，只要不失去信心，就一定会有走出逆境的机会。可以多增加一些成功体验，在自己能力所及的范围内积极获得成功体验，这些都可以增强自信心。

其次，在日常生活中多鼓励自己，不要计较一时得失。要多看一些优秀的文艺作品，向书中表现出色的主人公学习，对意志进行锻炼。

再次，学会转移注意力。当我们将注意力集中在自己感兴趣的事情上时，自然也就容易摆脱逆境所带来的负面情绪。

最后，懂得适当发泄。将负面情绪埋在心里只会越憋越难受，让我们变得更加压抑。我们可以将压抑的情绪向朋友倾诉，寻求慰藉，抑或是通过别的渠道进行宣泄，如运动、旅游、唱歌等。

学会宽容

乔治·罗纳曾在维也纳当过多年律师，第二次世界大战期间，他逃到瑞典，变得一文不名，急切地需要一份工作。他懂得好几个国家的语言，希望能在一些进出口公司找到一份秘书的工作。但是，绝大多数公司都回信告诉他，因为正在打仗，他们不需要这类人才，不过他们会把他的名字存在人才库里。

在这些回复中，有一封信这样写道："你完全没有了解我们的用意。你又蠢又笨，我根本不需要什么替我写信的秘书。即使需要，也不会请你这样一个连瑞典文也写不好，信里全是错字的人。"乔治·罗纳看到这封信时，气得简直要发疯。面对如此的羞辱，乔治·罗纳也决定写一封信，气气那个人。但他冷静下来后对自己说："等等！我怎么知道这个人说得不对呢？瑞典文毕竟不是自己的母语。如果真是如此，想要得到一份工作，就必须不断努力学习。他用难听的话来表达他的意见，并不意味着我没有错误。因此，我应该写封信感谢他才对。"

于是，他重新写了一封感谢信："你写信给我，实在是感激不尽，尤其是在你并不需要秘书的情况下，还给我回信。我没有弄清贵公司的业务实在感到很惭愧。之所以给你回信，是因为听他人介绍，说你是这个行业的领导人物。我的信中有很多语法上的错误，而自己却不知道，我特别惭愧，而且十分难过。现在，我计划加倍努力学习瑞典文，改正自己的错误，谢谢你帮助我不断地进步。"

这封信发出不久，乔治·罗纳就收到了那个人的回信。不仅如此，他还从那家公司获得了一份工作。可见，拥有一颗宽容的心，对自己的人生将会起到至关重要的作用。

宽容是一种高尚的美德，它蕴含了做人的谦虚与真诚以及对他人的尊重与容纳。学会宽容，心灵就获得了安详与宁静，就可以心胸开阔地生活。那么，如何才能做到宽容呢？

1. 懂得换位思考。有时候，面对某些问题时，如果我们只是站在自己的角度分析，那很有可能不够全面，而且对对方的想法也不够了解。所以不妨站在对方的角度去思考问题，这样一来我们对其所做的就能理解了，也就不会放在心上，而是一笑置之。

2. 更加积极地做事。如果有人得罪了我们，正确的做法是更加积极地工作，用更漂亮的成绩去证明对方的错误，这样做其实也是对自己的宽容。所以，如果一个人得罪了我们，不必念念不忘，抓住不放，事情过去就算了，不需要斤斤计较。我们应微笑面对伤害与背叛，只有能够承受背叛与伤害的人才是最坚强的，放过别人就是放过自己。

3. 保持平和的心态。不管发生什么事情，有了什么样的变故，不管对方怎么对不起我们，我们都应该平和面对，因为就算再着急、再愤怒，也改变不了既定的事实。我们只有不急不躁，才不会给对方继续伤害自己的机会。这样做才能让我们宽容他人。

4. 最好的宽容是忘记。忘记别人对我们的伤害，让时间抚平心中的伤痕。只有这样，生活才有阳光和希望。所以忘记既是宽恕别人，也是宽恕自己。

5. 要容忍不同意见。在与他人意见不一致的时候请不要勉强，正确的做法是认真了解对方想法的根源，找到他们所提出意见的基础。这样我们就能设身处地地为对方着想，提出的方案也更容易被对方所接受。

6. 主动将问题说清楚。在朋友违背诺言，抑或是伤害了我们的时候，我们应该主动将存在的问题说清楚，而不是将问题藏在心里，否则只会让我们心中的怒火越烧越旺。

7. 待人做事要有耐心。很多事越着急就越做不好，要有耐心。对人也是如此，了解一个人需要很长时间才行，我们不能凭一两件事就否定一个人。此外，对来自朋友的批评与误解也要学会忍耐，关键时候退一步，才能海阔天空。

做个自信的人

1972年，美国总统尼克松全身心投入寻求连任的竞选活动。由于他在第一个任期取得了不错的政绩，所以当时美国大多数政治评论家都预测他将会以压倒性的优势成功获得连任。

然而尼克松并没有这样的自信，之前竞选总统失败的经历深深影响着他，他不想再一次承受失败。于是，他在这一年的6月17日晚上，派自己竞选班子的首席安全问题顾问詹姆斯·麦科德等五人，偷偷潜入了位于华盛顿水门大厦的民主党全国委员会办公室，安装窃听器并偷拍相关文件。这样做是为了掌握民主党的竞选策略，结果这五个人当场被捕。

这件事发生后尼克松先是抵赖，拒不承认这件事与自己有关，还想把这件事栽赃给古巴人，美国民众暂时相信了他的话，他也在这次大选中以压倒性的优势击败了民主党的总统候选人。

可就在他得意的时候，却有人向法院匿名举报这件事另有隐情，于是水门事件的调查继续进行。虽然在此过程中尼克松百般阻挠，但真相还是被公之于众，最终他在强大的舆论压力下宣布辞职，成为美国历史上因为丑闻而辞职的第一位总统。

自信可以给人力量与快乐，一个人有了自信，才会充满睿智与希望，才能在人生的舞台上越过越精彩。所以，我们是绝对不能失去自信的，失去了自信我们将无法挑起生活的重担。那么，我们该如何建立自信呢?

1. 学习并精通一种技能。学习并精通一种技能之后，我们会对自己的学习能力产生强大的自信。此外，学习并掌握技能的过程会让我们更加懂得耐心的重要性。

2. 学会进入别人的视线。参加活动时应该尽量往前坐，在公开场合还要尽量争取发言的机会，这样做会让我们变得更加从容自信。

3. 争取每一次小小的成功。每天都要尽量让自己进步一点点，每一次都要取得一点小小的成功，不断积累的成功与进步会让我们离自己的目标越来越近。这样我们对自己会更有信心。

4. 学会正视别人的眼睛。如果我们不敢正视别人的眼睛，那么潜意识就会告诉我们：“我自卑，我不如别人。”如果我们敢于正视别人的眼睛，那潜意识就会告诉我们：“我很诚实，所说的话都是真的。”这样一来，我们自然就会变得更加自信。

5. 进行自我暗示。我们要不断地对自己说“你是最棒的”，不断地追求进步，不断地超越自己。

6. 抬头挺胸，走快一点，讲话时语气要肯定。心理学家告诉我们，改变走路的姿势与速度，可以改变我们的心理状态。所以，平时走路时如果昂首挺胸、走快一点，我们就会变得更加自信。此外，讲话时语气要肯定一点，不要含混不清，不要否定自己。

7. 了解自己的局限。没有谁是无所不能的。人的生命是有限的，人不可能什么都懂、什么都会。而且有些知识或技能要想很好地掌握，确实需要天赋，所以我们要了解自己不擅长的领域，然后尽力避开，这样才能避免陷入自卑。尽量不去做容易让自己自卑的事，自然就会变得自信了。

8. 不管什么事都要提前做好功课。做任何事情提前做好功课，心里不发虚，想不自信都难。

9. 积极、冷静地面对困难与挫折。要有积极、乐观的人生态度，遇到困难与挫折要学会冷静地面对，勇敢地迎接人生中的各种挑战。当我们一次又一次面对困难并成功克服的时候，我们自然会增强自信，做事情也会更有活力、更有热情。

10. 每天都要对着镜子笑一笑。每天都应看到自己的笑脸，不要厌恶或轻视自己，对着镜子笑一笑，会让我们感到更快乐、更自信。

11. 尽量独立，承担必要的责任。在很多时候，独立意味着要去承担一些必要的责任，而能够运用自己的能力去承担责任的人必然会更加自信。

树立坚定的信念

有三个朋友结伴外出游玩，不幸遇到了地震。地震发生时，他们三个人正在一个山洞里避雨，当他们感受到地震时马上向洞口跑去，结果只跑出去一个人，当第二个人到达洞口时山洞塌了，第二个人被石块砸中遇难了，而第三个人虽然没被石块砸中，但他也出不去了。这时候，他只能待在山洞里，慢慢地，氧气变得越来越稀薄，他开始在死亡的边缘挣扎。不过，有一种坚定的信念一直支撑着他，他坚信第一个逃出去的朋友一定会找人来救自己，所以他一直在努力地搬走那些碎石块，想要尽可能多地获得活下去的机会。就这样过了十几个小时，就在他还剩一口气时他听到洞外传来救援的声音，可这时他已经没有力气呼救了。

最终，他还是被救援队救了出来，经过紧急抢救他活了下来。医生说他能在那

样稀薄的空气中生存那么长时间，真的是一个奇迹，就问他是怎么活下来的，他说自己一直觉得第一个逃出去的朋友会安然无恙，并且坚信他一定会找人来救自己。

每个人都应该有自己坚持的信念，只有这样才不至于在生活中迷失自我，才不会在遭遇困难与挫折时举手投降。那么，我们该如何树立坚定的信念呢？

1. 相信信念的力量。简单来说，就是相信自己能行，相信信念能够创造出巨大的力量与动力。当我们相信信念的力量时，信念也就真正树立起来了。

2. 随时检查想法。每天都要对自己的想法进行检查，让自己的思想始终站在积极的一面，让“怀疑自己”的想法没有机会进入自己的大脑。

3. 不要老是想着一下子解决所有问题。不要总觉得自己无所不能，要清楚有很多事是自己做不好的。所以最好挑一些自己能够做好的事情去做，这样一来我们就很容易获得成功。而每一次对成功的体验，都能够增强我们的力量与信念。

4. 进行积极的自我暗示。具体来说，就是要往自己的脑海中输入积极的信息，比如“我一定会成功”“我能够做到”，要尽量避免输入如“我做不到”“我比不上别人”等消极的信息。

5. 下定决心，坚持到底。处境越是困难，问题越是棘手，就越是要努力去尝试，只有顽强地坚持下去，才能把事情做好。要使出自己所有的力量，付出最大的努力。

6. 在潜意识中进行强化。把自己所坚持的信念写下来贴在墙上，抑或是放在最显眼的地方，让自己每天都可以看到，直到它们成为自己潜意识的一部分。

树立明确的人生目标

心理学家找了三组人，他把大家集中在一个地方，然后让这三组人分别沿着三条道路向远处的三个村子进发。

第一组人最迷茫，他们既不清楚村子的名字，也不知道具体有多远，心理学家只是告诉他们跟着当地的向导往前走就可以了。结果刚刚走出去两三公里，就已经有人开始叫苦，不想走了；到了距离村庄还有一半路程的时候，有的人已经彻底愤怒，表示再也不想往前走了；剩下的那些坚持继续往前走的人，也是越走情绪越低落，最终他们这一组没有一个人成功到达目的地。

第二组人比第一组人稍微强一些，他们清楚村子的名字以及具体要走多远才能到，但是一路上没有明显的路标，所以大家只能根据经验来判断自己大概走了多远。结果当路程还剩下四分之一的时候，大家已经疲惫不堪，情绪低落，很多人都不想再走下去了。

第三组人不仅知道村子的名字、路程，而且他们所走的那条路每隔2公里就会有一个路牌。他们每经过一个路牌都会高兴地欢呼，因为他们知道这意味着距离终点又近了一些。他们一路情绪高涨，很快就到达了目的地。

从上面这个故事可以看出：明确的目标对成功有着重要的意义，有了明确的目标我们也就有了为之努力的方向。所以我们应该为自己的人生设立一个明确的目标，这样我们才能少走弯路，更容易获得成功。那么，我们该如何设立目标呢？

1. 所设立的目标最好是能够分解的。设定正确的目标其实并不是一件难事，难就难在如何才能实现目标。如果目标太过远大，不具备可操作性，那我们就会因为无法实现而放弃。但是如果所设定的目标能够分解成若干个小目标，并且可以落实到每一天的工作上，那目标就比较容易实现了。

此外，我们还可以将目标分成不同的层级，如小目标、短期目标、中期目标、长期目标、人生终极目标等。如果我们能一步步脚踏实地实现各个层级的目标，那人生的终极目标也就不难实现了。

2. 目标必须是可以实现的。我们设立的目标必须是自己经过努力后能够实现的，不能设立一个自己永远也实现不了的目标。所以我们要实事求是地对自己的情况进行评估，要认清哪些目标对自己来说是可实现的，哪些目标又是不着边际的。

3. 目标必须是具体的、可衡量的。我们所设立的目标越具体越好，如什么时间做什么事，达到什么样的效果，完成怎样的业绩。目标越具体，努力的方向就越明确。此外，目标必须是可衡量的，如每天晚上围着操场跑20圈，这样的目标就是可衡量的，是否完成目标更是一目了然。

4. 每一个目标都必须有一个明确的完成期限，并留出一定的缓冲期。道理很简单，如果没有明确的完成期限，我们就不会有压力，没有压力事情就会拖延。而之所以要留出缓冲期，是因为需要将一些突发状况考虑在内，毕竟有些因素是我们控制不了的。

5. 给目标排出顺序。每天都有很多不同的目标需要我们去完成。这个时候我们该怎么办？正确的做法是根据这些目标的重要程度、紧急程度以及耗时多少来排出先后顺序，这样在遇到不同的目标互相冲突时，我们也能有章可循。

6. 及时对目标进行调整。在实现目标的过程中如果客观情况发生变化，我们应该及时对目标进行调整，不拘泥于以往的目标。

7. 郑重地写下自己的目标。将自己的目标郑重地写下来，放在自己能看到的地方，每时每刻都提醒自己。此外，我们写下目标的时候语气应该积极乐观，用直接的方式鼓励自己实现目标。

8. 要经常检查目标的完成情况。只有经常检查目标的完成情况，才能够激励自己朝着目标努力。这样我们也能清楚地知道目标的完成进度，不至于浑然不知。

9. 记得奖励自己。如果我们实现了某个小目标抑或是某个阶段性目标，应该奖励一下自己，如去做一件可以让自己开心的事。这样我们才有动力为继续实现目标而努力。

保持好奇心

布莱士·帕斯卡是法国17世纪著名的科学家、哲学家，他从小就具有强烈的好奇心。11岁那年，他在一家餐厅的厨房外边玩耍，忽然听到了从厨房里传来的声音，“叮叮当当”的，他觉得非常好听。是什么东西才会发出这样悦耳的声音呢？强烈的好奇心驱使着他到厨房一探究竟，结果他发现那是厨师用刀叉敲击盘子时所发出的声音。

找到声音的来源后他并没有马上离开，此时他又开始考虑其他问题：为什么会有声音发出呢？为什么那些刀叉离开盘子之后声音并没有马上消失呢？为什么敲盘子的声音和敲桌子的声音不一样呢？带着这些疑问，他决定通过实验来揭开其中的秘密。

经过多次实验，他发现当刀叉离开盘子之后还是会有声音，但是当自己用手将盘子按住时，声音就消失了，这说明声音是从盘子上发出来的，关键不在刀叉的敲打，而在盘子的震动。就这样，11 岁的他发现了声学的一点奥秘，为此他还专门写了论述振动与声音关系的文章。

可以说，好奇心推动了人类的发展，它让我们对未知领域充满兴趣，让我们在探索、学习新知识、新技能的时候拥有强大的内在动力。在当今社会，好奇心是创新型人才的一个重要特征。那么，我们在日常生活中该如何保持好奇心呢？

1. 拥有良好的兴趣爱好。一个人只有拥有良好的兴趣爱好，才会激发对某些事物或领域的探究欲望。如果没有兴趣，就算有再多的问题也没用，因为没有兴趣的人就算是有疑惑也不会去深究，这样自然不会有好奇心。

2. 每天阅读报纸、图书等资料。在阅读自己感兴趣的文章的同时，也要看一下那些自己不怎么感兴趣的内容，然后将自己所注意到的关键问题罗列出来，再分析文章中所提到的事情产生的原因以及想要达到的目的。在这个过程中，好奇心就得到了培养。

3. 注意细节。对周围的一切进行认真的观察，注意其中的细节变化，如周围的人和事物的改变，我们一定会发现原来我们的身边一直都在发生变化。如果有条件的话，可以去探究变化产生的原因，静下心来与家人、邻居、朋友好好聊一聊。在认真观察的同时，写下自己的心得体会，并将自己没办法回答的问题记录下来，下次再和别人交流的时候，不妨提出这些问题，看看对方是怎么考虑的。

4. 倾听自然的声音。闲暇的时候，可以沿着繁忙的街道转一圈，认真倾听自然的声音。如果我们认真去听，就会发现即便是身处拥挤的街道上，也还是能够听到鸟鸣的声音。在沿着街道向前走的时候，要尝试着思考那些与自己擦肩而过的人都在想些什么。还可以对他们的面部表情进行认真观察，想象一下他们这一天过得是否开心。

5. 多问几次“为什么”。日常生活中到处都是学问，我们每天都会遇到一些自己不懂的事情或无法解决的问题。这个时候不要忽略这些问题，而是要问问自己为什么并努力找出答案。

勇于创新、突破常规

战国时，庞涓因为忌妒孙膑的才华就陷害他，结果孙膑被砍去双脚，脸上还被刺字。后来齐国的使者从魏国偷偷将孙膑带回了齐国，到了齐国后孙膑受到齐国大将田忌的赏识，成为田忌的座上客。

当时田忌经常与齐威王以及齐国权贵一起赛马，但是田忌的马在各方面的条件都稍稍次于齐威王的马，所以比赛总是输多赢少。有一次，田忌带着孙膑一起去参加赛马，孙膑认真观察齐威王的马和田忌的马的具体表现后，发现其实他们两个人的马实力相差并不大。所以，他请田忌再和齐威王比上一次，还说自己有必胜的把握。

田忌就问他究竟有什么办法？孙膑说：“我知道现在的比赛都是三局两胜，将军您只需要安排自己的下等马对齐王的上等马、中等马对齐王的下等马、上等马对齐王的中等马就可以了，这样就可以确保赢得比赛。”

田忌一听恍然大悟，于是要求和齐威王比赛，他按照孙膑的安排去做，最终果然获得了比赛的胜利。

孙膑能帮助田忌取得比赛的胜利，正是因为他不按套路出牌，突破了常规，用

今天的话来说就是他拥有非常强的创新能力。我国历史上一些著名的战役都是因为敢于突破常规、敢于创新才取得胜利的，如孙膑指挥的围魏救赵，韩信指挥的“明修栈道，暗度陈仓”，司马懿擒孟达等。可见，在做某些事情的时候，如果能突破常规，确实能够获得意想不到的效果。而成功在很多时候都属于那些敢于突破常规、敢于创新的人，因为这些人头脑冷静、眼光犀利、看得比他人更透彻、想得也比别人更全面。那么，怎样才能培养并提高创新能力呢？

1. 热爱生活、关注生活、享受生活。这是创新的基础与前提。如果一个人不热爱生活，对生活冷淡与漠视，他就会很少关注现实生活，创新又从何谈起？创新是离不开生活的，它是实实在在存在于现实中的东西。热爱生活、关注生活、享受生活，从而获得创新的灵感。

2. 发展创新思维。创新思维的核心内容是创新意识和创新精神，其中创新意识是指推崇创新、追求创新并且以创新为荣的意识与观念；创新精神则是指强烈的进取思维。

3. 有意识地培养创新能力。我们在日常生活中应该经常有意识地观察和思考一些问题，通过这样的日常训练，提高我们的大脑灵活性与观察能力；积极参加创新实践活动，尝试通过创造性的方法对实践中遇到的问题进行解决；有条件的话，可以多参加培养创新能力的培训班，学习创新理论与方法，经常做一些创新思维专家所设计的训练题，这样做也能提高创新能力。

4. 建立健全合理的知识体系。一个人的创新能力不是在短时间内就可以得到快速增强的，创新能力的提高是个日积月累、循序渐进的过程。创新需要扎实、健全的知识作为基础，没有基础，创新是无从谈起的。所以，我们应该脚踏实地学好知识，具备真才实学，在此基础上融会贯通，建立起扎实健全的知识体系。

5. 认识到创新的普遍性与创新的可开发性。创新的普遍性是指我们每个人都具有创新能力，而创新能力存在的形式主要表现为创新潜能，不同的人的创新潜能是没有大小之分的。创新的可开发性则是指个人的创新能力是可以激发与提升的，也就是说，我们可以通过努力将创新潜能提升为具有社会属性的后天创新能力。

6. 不满足于现状。只有不满足于现状才能有所追求，有所创新。每天都要告诉自己"我做得还不够好""我还需要改变一下现状"，只有在强烈的成就欲望下才会有强大的创新动力。

7. 多参加交流、讨论。经常与朋友坐在一起交流、讨论一些问题，可以互相启发，还很容易迸发灵感，而创新往往源于灵感的出现。

8. 培养丰富的想象力。缺乏想象力，就只能局限于常规思维中无法突破，而丰富的想象力可以让我们思维清晰、敏捷，这样才会有所创新。

9. 有好奇心。缺乏好奇心就会对问题不敏感，对新知识不感兴趣，这样自然也就不会有所创新。此外，还要学会思考和质疑。遇到事情多问几个为什么，大胆怀疑，小心求证，这样才能让自己变得更灵活。

10. 不要迷信权威。不要迷信权威、专家说的话，他们的经验也不是完全正确的，尤其是对一些过去的经验更要多思考，因为它们可能已经跟不上时代的发展了。

11. 不怕犯错误和失败。要想提高自己的创新能力，就不能害怕犯错误、害怕失败。只有不怕犯错误、不怕失败，才能在错误与失败中总结经验教训，从而提高创新能力。

行动起来吧

1960 年，莫斯科音乐学院迎来了一位女学生，她就是郑小瑛。她到这里来学习作曲，而她的表现让很多人刮目相看。她就像是为音乐而生的，在 14 岁的时候就已经精通多种乐器并且登台演出。到了莫斯科音乐学院后，她的才华得到了老师与同学的认可，所作的曲子也曾多次被学校交响乐团拿来演奏。

有一次，她在音乐厅看到指挥家指挥乐队演奏自己所作的乐曲，她被指挥家精彩的表现感动了，从那个时候开始，她就下决心要做一个优秀的指挥家。

她不只是想想而已，只要有时间，她就会到音乐厅看表演，暗中学习指挥技巧。此外，她还会寻找一切机会向负责指挥的教授请教。

郑小瑛将自己想做指挥家的事告诉了舍友，但她们都觉得她这是在白费力气。为什么这么说呢？这是因为当时女性的社会地位普遍不高，而有机会接受音乐教育的女性本来就已经很少了，更何况是女性指挥家。可是郑小瑛并不“认命”，从此以后她开始更加勤奋地学习、练习，从眼睛到心灵，从手势到表情等。

命运之神认可了她的努力。有一次学校组织一场音乐盛会，而她所作的一首曲子被选进了演奏曲目。当时观众席里坐着两个重要人物——苏联国家歌剧院指挥海金与莫斯科音乐剧院指挥拜因。

音乐会刚开始就出现了一个谁也没有想到的意外：负责指挥的教授在走向舞台的时候突然扭伤了脚，他跌倒在地上，肘部也碰伤了，根本没有办法再指挥演奏。

看到这种情况，大家都不知道该怎么办。就在这个时候，郑小瑛快速从椅子上站起来，在大家的注视下来到那位受伤的教授面前鞠了一躬，然后说：“我以艺术的名义向您申请接过您手中的指挥棒。”

看到眼前这个年轻人平和、坚毅的脸，教授想不出任何拒绝的理由，便把指挥棒交到了她的手里。结果，她用完美的指挥征服了台上台下的所有人，而海金和拜因都认为她一定会成为一名卓越的指挥家。

此后，她接受海金的邀请进入苏联国家歌剧院深造指挥艺术，她先后成功指挥了《托斯卡》《茶花女》等一系列苏联经典歌剧，在苏联引起了极大的轰动。她回国之后更是为我国的音乐事业做出了伟大的贡献，最终成为影响全世界的卓越交响乐女性指挥家。

我们会有很多想法，可是大多数人只是让这些想法停留在想象层面。有的人也会为了实现这些想法而制订周密的计划，但是这些想法还是没能够实现。这是为什么？最重要的原因就是缺乏行动。道理很简单，不管什么事，如果我们只是想想，而不付诸切实的行动，那不管到什么时候都不会实现目标。

只有积极的行动才能让我们实现人生的目标与理想，它是人生最宝贵的财富。我们的人生如果离开了积极的行动，一切理想、目标就无从谈起。那么，我们如何才能积极行动起来呢？

1. 不要等到条件都完美了才去行动。完美的条件是很难获得的，因此，我们不要等到所有条件都完美了才开始行动，现在就行动起来吧。

2. 不要等到有了灵感才去工作。如果我们非要等到有了灵感才去进行所谓的创造性工作，我们工作的时间就会很少，因为灵感不是那么容易得到的。所以，不需要等灵感，只需要强制自己立即行动就好，在行动的过程中，灵感或许就会被激发出来。

3. 从基础开始做起。如果我们计划写一本百万字的小说，那我们每天要抽出一个小时或两个小时的时间去写，不管一开始写得怎么样，重要的是要开始动笔去写，每天写上 1000 字也行。一旦开始写了，很多问题都将迎刃而解，就算再长的路，也能一步步走完。

4. 专注于眼前的事。将自己的注意力全部集中在目前可以做的事情上。不要烦恼自己上周本应该做些什么，也不要去想明天可以做些什么，我们只要集中精力做好今天该做的事情就行。

5. 给自己营造竞争的氛围。我们在与他人竞争做某事的时候总是全神贯注，一分一秒也不愿耽误，所以我们应该让自己处于竞争的状态中，或是为自己营造一种竞争的氛围，如做某件事时为自己规定一个完成时间，抑或是为自己找一个对手，心里暗暗发誓一定要超过这个对手，再或是想象这个世界上的某个角落里有一个人正在做与我们相同的工作，而我们一定要超过他。

6. 给自己一点小奖励。每当自己成功地做完一项工作时，可以给自己一些小奖励。这样就会积极地、满怀信心地投入下一项工作，因为我们知道只要做好了就有奖励。

7. 做一件值得自己努力的事。如果我们所做的事能够实现自己的价值，能够让家人过上更好的生活，那么就是值得我们努力去做的事。如果我们找到了这样的事，那就会自主地积极行动起来。

8. 想象获得成功时的画面。想象获得成功时的画面可以让我们在向前迈进时有更强大的动力。当我们不断地想象自己成功的画面时，潜意识就会对我们的行为进行引导，配合我们的想法做出改变，这个时候我们就会变得更加积极。

9. 与朋友互相监督。我们每个人身边都有值得自己学习的朋友，可以与这样的朋友互相监督。在自己懈怠的时候受到朋友的督促，自然也就不容易懈怠了，这样做可以帮助我们更加积极地行动。

10. 为自己设定一个追求的目标。无论我们做什么事情最好先设定一个目标，因为没有目标就没有方向。为自己设定一个目标，可以让自己变得更积极，行动起来也不会拖延。

找一个鲜活的榜样

从上小学开始，爸爸就是王峰的榜样，他觉得爸爸什么都懂，觉得爸爸是村里最有知识的人，大家都很尊敬他。从那时候起，王峰就决定长大了也要做一个像爸爸那么博学的人，所以他从小学习就很认真。而且在爸爸的支持下他看了很多课外书，这让他比同龄人的视野更宽阔，懂的东西也更多。

随着年龄的增长，他发现爸爸对爷爷很好，很孝顺，有什么好吃的总是第一时间想到爷爷，而且爸爸经常教他要孝顺爷爷。村里的人见到爸爸都说他是大孝子，有什么好事也愿意叫上他，所以王峰下定决心要做个像爸爸那样的孝子。

后来他发现爸爸身上还有很多优点，如宽容、坚强，这些优点也深深地影响了他。现在的王峰是一家国企的总经理，是他们老家的名人，而他经常对人说自己能取得这么一点小成绩，全都是向爸爸这个榜样学习的结果。

榜样的力量是无穷的，对我们来说就是一面旗帜，可以对我们的成长起到积极的促进作用，可以影响我们的行为，甚至影响我们的思想。此外，榜样对我们还可以起到巨大的激励作用，时刻鞭策我们努力奋斗、追求梦想。

那么，我们应该怎样向榜样学习呢？

1. 我们在向榜样学习时不能做“游客”。不能以一种“到此一游”的心态去学习榜样的事迹与具体做法，而是应该将自己当成榜样本人，从榜样的具体行动中探求其初衷，寻找其努力奋斗的思想源泉，看一看他们是怎样将思想与实践很好地结合起来的，最终将榜样的精神财富转化为自己的精神财富。

2. 我们要弄清楚自己想要成为一个怎样的人，也就是做好自我定位。如果不清楚自己的定位而盲目地向榜样学习，那最终的结果只能是让自己成为“四不像”的怪物。需要注意的是，我们给自己树立的榜样必须是在能力方面与自己不相上下的，这是因为如果榜样的能力过高，那我们在学习一段时间后必然会因为受到打击而削弱学习的动力，最终放弃对榜样的学习；如果榜样的能力不如自己，很容易被超越，那么我们就容易自满，觉得自己天下第一，不再愿意向他人学习。

3. 树立目标。这些目标应该从小到大并且存在内在联系，能够让自己持续为之奋斗。否则我们会因为盲目追求脱离实际的目标而疲惫不堪，最终一事无成。

4. 最好是以身边的人和事作为榜样。在这样的情况下，我们与榜样之间的心理差距会比较小，而且对他们成功的过程也更了解，会自然地产生赶超的动力和信心。

5. 目标实现的时间不宜过长。我们向榜样学习自然是想要实现某个目标，所以我们在找到榜样之后，所制定的目标不能太难，否则我们就会产生懈怠的心理，进而失去信心。

激发成功的欲望

她学历不高，所以很难找到好工作，只能在一家公司里打扫卫生、端茶倒水，因此很多人都看不起她。

有一次，她外出为公司购买办公用品，回来的时候被门卫挡住了，因为她忘记戴工作证。她就向门卫解释说自己确实是公司的员工，在哪个部门负责什么工作，可是不管她怎么说门卫就是不理她。

此时，她看到那些与自己年龄相仿、身穿职业装的白领在进入公司大门的时候，也没有戴工作证。于是她问门卫："那些人不是也没有工作证，怎么就进去了？"

门卫用一种鄙视的眼神上下打量她一番，然后冷冷地摆了一下手，那意思就像说："走远点，别烦我！"

她的内心非常屈辱，看看自己寒酸的衣着、手里推着满是尘土的平板车，再看看那些衣着华丽的白领，一下子明白了自己为什么进不去那道门。

那一刻，她发誓一定要创造奇迹，一定要成为一个女强人，要让别人看得起自己。

从那以后，她开始利用一切机会提高自己。她每天都是第一个来公司，最后一个离开。她非常珍惜时间，将别人不在意的零碎时间都用在了学习和工作上。

她的努力很快就得到了回报。她先是在同一批人中第一个做了业务代表，接着她依靠自己的努力成为这家跨国公司的中国区经销渠道总经理。

有多少人因为欲望而获得成功，又有多少人因为没有欲望而甘于平庸。有成功欲望的人敢想、敢做、敢去奋斗，可以说是成功的欲望造就了辉煌。那么，我们该如何培养成功的欲望呢？

1. 让自己变得自信、勇敢。如果是认准的事情就要坚持到底，要相信自己的判断、肯定自己的价值。要自信一点，勇敢一点，告诉自己没什么可害怕的，不要甘心输给任何人。

2. 对合理的报酬有强烈期待。我们应该努力工作，要对获得成功后可能获得的合理报酬有强烈的期待，因为这也是我们努力工作的目的之一。

3. 拥有改变现状的强烈意识。一个人所面临的最大陷阱就是满足于现状，这样的心态是前进的阻碍。想获得成功就要对现状不满意，强烈地想要改变现状。

4. 进行积极的自我暗示。将自己的梦想、目标、志向、计划等写下来，可以制成卡片，也可以贴在家里显眼的位置，每天朗读一遍。这样做能起到强化动机与意识的作用，可以将梦想、目标、志向、计划等融入自己的潜意识，进而激励自己并强化自己追求成功的强烈愿望。

5. 认真观察所在行业的成功者是如何做的。对那些自己感兴趣的领域，要把握好每一个能亲自接触或在电视上看到该领域成功者的机会。我们对这些成功者了解得越透彻，就越清楚自己究竟需要怎么做才能获得成功。

6. 尽量收集与我们的目标相关的任何信息。积极阅读与自己所关心的主题相关的任何书籍，多和这方面的专家接触，研读相关的报纸或杂志。此外，多了解与我们所关注的专业领域有关的人和活动，我们对自己所选择的专业领域了解得越深，就越容易对其产生浓厚的兴趣，想要获得成功的欲望也就越强。

进行积极的心理暗示

罗杰·罗尔斯是美国纽约州历史上第一位黑人州长，而他之所以能当上州长，与其小学时的校长皮尔·保罗有很大的关系。

1961 年，皮尔·保罗担任罗杰·罗尔斯所就读的小学的董事兼校长。那个时候正是嬉皮士流行的时代，学生每天无所事事，还经常旷课、打架，甚至砸烂黑板。在这样的情况下，皮尔·保罗想了很多办法，试图将这些学生引上正途，但是都没奏效。

直到有一天，他发现这里的孩子似乎都很迷信，于是他在上课的时候专门留出一部分时间用来给孩子们看手相，同时说出一些“预言”，比如“你将来会成为议员”之类的。后来，很多让他看过手相的孩子都获得了成功，有些人真的成了州长或议员等受人尊敬的人。

有一次，当罗杰·罗尔斯从窗台上跳下来，伸着手走向讲台时，校长告诉他：“我一看到你修长的小拇指，就知道将来你肯定能做州长。”

罗杰·罗尔斯听了之后非常激动，因为在此之前只有奶奶说他将来可以做一艘五吨重的小船的船长，而现在校长居然说自己将来能做州长。

从那天起，他牢牢记住了校长的话，立志要成为州长。他开始严格要求自己，不会让衣服再沾满泥土，不会再说脏话，而且开始挺直腰杆走路。在以后的日子里，他更是处处以州长的标准要求自己，结果在51岁那年，他真的成了州长。

看了上面的故事，相信我们已经认识到了积极的心理暗示所拥有的巨大力量。那么，我们该如何对自己进行积极的心理暗示呢？

1. 经常对自己说一些鼓舞的话。每天都要将自己的优点大声地复述给自己听，还要对自己所取得的成绩、性格中的长处进行积极的评价，并且将这些评价灌输到大脑中。这样的评价带给我们的印象越强烈，潜能也就越容易被激发出来。

我们可以反复地对自己说“这次情况比上次好多了”“这次我一定能成功”“干得漂亮”“我行”“我期待”“我的心情愉快”等。

一开始这么做的时候可能会觉得有点不好意思，觉得自言自语的样子有点傻。但是经过一段时间的练习后我们会发现，通过这样的自言自语，我们会变得更加积极乐观，行动的效率也会提高。

需要注意的是，所使用的语言应该简洁有力，不能含糊，不能脱离实际，更不能与人攀比。

2. 把握好进行积极心理暗示的最佳时间。心理研究显示，当我们的大脑处于半清醒状态时，潜意识最愿意接受信息的时刻也就到来了，在这个时候进行积极的心理暗示效果最好。那什么时候大脑处于半清醒状态呢？答案是睡之前和醒之后的时间段，这个时候我们可以躺在床上，先花上几分钟的时间让身体放轻松，然后进行自我心理对话，也就是对自己的天赋与能力进行描述，想象自己获得成功的景象，用一些简短的语言对自己进行积极的心理暗示等。

3. 日常生活中尽量避免使用否定或消极的词语。工作了一天回到家之后不要说“真把我累坏了”，而要说“忙了一整天，还是有收获的”；在遇到一件棘手的事情时，不要说“太难了，我坚持不下去了”，而要说“只要坚持下去，就一定能成功”等。

总之，要养成使用积极语言的习惯，拒绝无休止的抱怨。试着将所有的疑问句与否定句都改成肯定句，这样就会在潜移默化中改变我们对这个世界的看法，慢慢养成积极思考的习惯。

4. 在想象中预演理想或目标的实现。我们可以找一个安全、安静的环境，让自己彻底放松下来，将自己希望达到的目标在大脑中进行细腻、清晰的预演，如想象自己站在领奖台上，想象自己当上了一家大公司的总经理等。

我们要在心里告诉自己：“这就是我的理想，我愿意为了我的理想努力奋斗！”当我们有了这样的心理预期之后，就会产生前进的动力。我们在进行想象之后，脑海之中就会留下一个积极的记忆印痕，而当我们遇到真实的情况时，记忆就会被激活，从而对人的思维与行动做出指引。

5. 不要总是向自己强调负面信息。一个聪明人应该尽量避免总是用过去失败的教训提醒自己，不要总是向自己强调一些负面信息。

6. 培养良好的行为习惯。自我心理暗示还包括很多行为习惯方面的因素，如走路的时候坚持挺胸抬头，我们就会觉得自己很有精神；出门之前认真地对着镜子整理一番，我们就会对自己的形象有一个更积极的评价；讲话的时候声音清晰、响亮、有条理，我们会自觉沉稳自信；等等。这些看起来微不足道的细节，其实会在不知不觉间影响我们的精神风貌。

7. 将每一次挫折与失败都当作最坏的。在遭遇挫折与失败的时候，我们应该试着对自己说：“这是最糟糕的情况了，不会有比这还要坏的情况出现了。”既然最糟糕的事情已经出现了，那接下来事情就一定会出现好转，这样自己也就会增强信心。

积极快乐地活在当下

前段时间，李敏过得很不快乐，原来那时她老公放弃了原本稳定的工作去创业了，投进去不少钱。从老公开始创业的那一天起，她就开始担心万一老公创业失败，他们一家人以后的生活会不会过得很困难？因此她每天都活在对未来的忧虑中，吃也吃不好，睡也睡不好，整个人都憔悴了很多。

李敏的老公看到这种情况很忧心，就告诉她别那么操心，他是有充分的把握才去创业的，况且家里也有足够的储蓄去应对危机，而且李敏也是有工作的，所以就算运气不好，创业失败了，一家人的生活也不会受到什么影响。因此让她不要为未来还没有发生的事忧心，应该好好享受当下的生活，把现在的日子过好，每天都要快乐地生活。

她仔细想了想，认为老公说的话很有道理，自己实在是没什么可担心的，她告诉自己要把当下的每一天都过好。慢慢地，她又变得和以前一样快乐了。

活在当下的本质是洒脱自在、没有任何牵挂地过每一秒，是一种轻松自在的状态。活在当下要求我们不为已经过去的事后悔、伤心，同时也不为还没有发生的事担心。我们要做的是直面自己、直面人生，以阳光的心态过阳光的生活，不再做生活的奴隶。那么，我们如何才能快乐地活在当下呢？

1. 我们要习惯从“当下”寻找快乐。真正的快乐存在于当下，而不存在于对未来的幻想中，所以我们要习惯从当下寻找快乐。那么，怎样才会快乐呢？当然是没有麻烦缠身，所以我们应该逐渐习惯解决当下的问题，而不是通过“未来”解决问题，只有在“当下”解决问题，才是对问题的根本解决。

2. 对未来不要想太多。如果对未来考虑得太多，就会在无形之中给自己的未来增加很多束缚，而这些条条框框又会加重我们内心的负担。所以不去想太多未来的事，减少束缚，这样内心就能减轻压力与负担，自己也会活得轻松、快乐。

3. 每天都要微笑。不管这世界如何变化，我们都要学会每天对自己微笑，这样我们就会有好心情。

4. 全面了解自己、接受自己。我们要了解自己的现状，清楚此时此刻有什么事是能够让自己高兴的，要看看究竟是什么原因导致自己没有办法快乐地活在当下。此外，我们应该忘记所有人，只接受此刻的自己。

5. 接纳当下。生活之中肯定会有很多不如意的事，当然也会有很多的无奈，当我们真的没办法接受的时候，完全可以说不。但是有时候拒绝是解决不了问题的，我们还是要接纳当下的问题并直面它们，不要抗拒、逃避，认真解决问题就好，没什么大不了的。

6. 留心周围的世界。不管我们在做什么，都要注意周围的环境，这样会让我们爱上生活。

7. 拥有自己的兴趣爱好。拥有兴趣爱好的人是幸福的，如果我们还没有找到自己的兴趣爱好，不妨在自己不反感的范围内多尝试一些事情，直到找到自己的兴趣爱好为止。

8. 放松身体。让自己的身体得到完全放松，它想要什么我们就给它什么，而不要给它不想要的东西。

9. 经常与自己对话。我们要学会与自己对话，认真倾听自己内心的声音，就像冥想一样。

10. 学会释放。在生活中，就算是心理素质再好的人也难免会有不良情绪，所以我们很有必要学习一些自我调节的技巧与方法。比如，写日记、做运动、找人倾诉等，总之适合自己的就是最好的。

11. 对无止境的欲望进行节制。快乐生活的大敌是过多的欲望，如果欲望太多我们会活得很累，所以要想活得轻松，就要学会对无止境的欲望进行节制。

12. 维护好身体健康。健康的身体是一切的基础，如果没有健康的身体，一切都是浮云。

专注地去做一件事情

董仲舒是西汉时著名的思想家、政治家、教育家，他提出了著名的“天人感应”“大一统学说”。他所提出的“罢黜百家、独尊儒术”的主张被汉武帝采纳，此后儒学成了中国社会的正统思想。

董仲舒之所以能取得如此大的成就，与其专注于学习是分不开的。他少年时常常因为酷爱读书而废寝忘食，他的父亲看到这个情况心里很着急，觉得儿子要老是这么读书，时间长了身体肯定受不了，于是打算在自家的后院盖一个小花园，当儿子读书累了可以到花园里转转，休息一下。

第一年，董父一边派人到南方去学习怎么盖花园，一边着手准备砖瓦木料等一切所需的建筑材料。没多久派去南方的人就回来了，经过一番筹划，花园动工了。整个工程分为三个部分，第一年修好了花园的主体部分。

建好之后的花园景色迷人，姐姐好几次邀请董仲舒一起去花园里玩，可是他的心里只有书简，根本就没心思去游园。

第二年，花园的第二部分假山也建好了，当时他们那边的人都没见过假山，很稀奇，所以亲戚、朋友家的孩子经常到假山那里玩。小伙伴们多次叫董仲舒同去，可他只是忙着在书简上抄录诗文，连头都没有抬。这一年他还是一次都没有去过花园。

第三年花园全部建好了，董父多次告诉董仲舒累的时候可以到花园去玩，可他只是点点头，根本就没去。中秋节，董父召集全家人一起在花园赏月、吃月饼，可这次董仲舒依然没有来，原来他趁着家人忙着赏月的机会，又找老师请教学问去了。

董仲舒正是因为有“三年不窥园”的专注，才最终成了一代学问大家。由此可见，专注可以帮助我们登上人生的巅峰，只要我们专注于某项事业，就一定能做出万众瞩目的成绩。

专注就是让我们将有限的时间投入自己的事业，只有这样才能充分发挥我们的聪明才智，将一件事做到极致。然而，在当今这个信息爆炸的时代，想要做到专注却不是一件容易的事，因为身边的诱惑实在太多了，我们很难完全集中精神去做一件事。

那么，我们怎样才能做到专注呢？

1. 发现自己感兴趣以及擅长的事物，将其设定为目标。专注是需要方向的，而只有确定了目标才会有明确的方向。

2. 把握专注力的高峰。所谓专注力的高峰，就是人体在黄金时间所保持的专注力。虽然个体之间存在一定的差异，但总的来说当个体处于黄金时间，其注意力、思维敏捷性、反应力都处于相对的最佳状态。因此，我们要将所要处理的事情按照轻重缓急进行排序，将最重要的事情放在专注力高峰时段来做，这样更容易提高做事的效率。

3. 繁忙时刻，要先集中精神完成一件事。当我们比较忙、要做的事情一大堆的时候，记住不要同时给自己安排多个任务。正确的做法是集中精神做完一件事之后再去做另一件事，从这些小事上培养专注的习惯。

4. 在开始工作前要先做些有趣的事。在开始上班之前，做一些自己觉得有趣的事，如听听歌、看看杂志，而玩游戏、做高强度动作这些就免了。做有趣的事可以有效地转换心情，随后再做什么事自然都会更加专注。

5. 设立意识隔离带。提高专注力的关键就是要阻断多余的信息，我们可以设置一个意识隔离带，将那些不重要的事情隔离出去，只做最重要的事情。

6. 对情绪进行控制。我们在做一件事的时候总是会被一些小情绪所影响，从而无法集中精神，最终停止工作。所以，我们需要对自己的情绪进行控制，不要让自己被情绪所左右。

7. 制定相应的规则。在做某件事的时候可以制定相应的规则，该规则应该有奖有罚，并且严格执行。此外，最好能找人来监督自己，帮助我们遵守规则。

8. 要经得起诱惑。在日常生活中，我们总会接触到各种各样的诱惑，只要稍不注意就会被诱惑所吸引，这样一来我们自然也就很难做到专注了。

9. 有效利用睡前时间。我们入睡之前的这段时间是一天之中最容易集中精神的时间段之一，在这段时间做事的效率很高。所以，可以在这个时间段做一些重要的工作，而不是去看电视剧、新闻。

10. 拒绝干扰。相对单调或安静的环境对一个人专注力的提高有很大的帮助，当我们在做一件重要的事情时，最好能选择一个相对安静的环境，拒绝外界干扰。

11. 每天坚持适当的运动。健康的身体是保证专注做事的基础，加强运动，保证身体健康和精力充沛，才能专注地做好每一件事。

12. 学习观察事物。我们可以通过学习如何观察事物来提高自己对目标的专注力。可以在规定的时间内专心观察一个物体、人物，抑或是周围环境的变化，然后闭上眼睛在脑海中进行回忆。

13. 进行意识流写作训练。所谓的意识流写作就是头脑中的思绪想到哪里，手中的笔就写到哪里，最重要的是不要出现停顿。此外，可以给自己规定一个时限，每天都进行这样的专项训练，既可以提高专注力，又可以让思维与文笔变得更清晰、流畅。

学习新技能

吴鹏今年30岁，有着一份不错的工作和令人羡慕的家庭。可是他却觉得自己不幸福，因为他没有什么兴趣爱好，闲暇时间更是不知道做什么好，周末基本上都是在家看电视。

身边的朋友看他生活得实在太无聊，就告诉他既然有那么多空闲时间，为什么不利用这些时间去学习一项新技能呢？这样既打发了无聊的时间，又拥有了一技之长。

吴鹏觉得朋友的提议很靠谱，可是学什么呢？想来想去，他觉得自己对摄影比较感兴趣，于是就想学摄影。随后他把这个想法和家里人说了，家里人都很支持，老婆大人更是特批了一笔“专项资金”，让他购买一台单反相机，还建议他专门报个班学习。

可是内向的吴鹏并不愿意马上报班，因为他所掌握的关于摄影的知识几乎为零，他害怕报班的话会因此而被嘲笑，所以他决定还是自己先研究一下，等到把基础知识掌握得差不多了再报班。

于是，只要有空闲时间，吴鹏就会上网搜索那些与摄影有关的基础知识，他还会学习别人总结的一些关于摄影的心得体会。等到基础知识掌握得差不多了，他就开始上手练，每天上班都带着自己的相机，看到自己觉得有趣的东西就拍下来，随后他会把这些照片发到朋友圈里。

慢慢地，开始有朋友说他的拍照技术进步了，后来更是有人说他拍的照片有专业水准了，这个时候他报了个高端摄影班。此后，他的摄影技术越来越好，还参加了市里组织的摄影比赛，获得了不错的名次。

随着社会竞争越发激烈，有越来越多的人开始利用闲暇时间学习新技能。这样做既可以让自己在找工作时多一个选择，也可以让自己的未来多一份依靠。那么，我们该如何学习新技能呢？

1. 收集与新技能相关的各种信息。当今社会，我们所需要的很多资料都可以从网上找到，我们可以根据自己的学习目标和学习计划，通过自己所熟悉的一切搜索方式快速地收集自己所需要的资料。除通过搜索引擎查询自己所需要的资料外，我们还可以多找一些目标领域的顶尖网站。这些网站的信息通常非常全面，并且更新得也很及时。

2. 学会记笔记。在学习新技能的过程中笔记是必不可少的，不管我们是记在本子上，还是记在电脑里。我们还应该在笔记中对有用的信息进行及时整理与归档。此外，学习新技能仅仅靠文字阅读是不够的，我们还可以通过视频、图片等信息载体加深对技能的理解。当基础知识掌握得差不多之后，最好能多参加一些实践，有时候实践与理论之间的差距是很大的。

3. 借鉴先进的经验。我们在学习新技能时可以借鉴人们总结出的行之有效的经验，当然借鉴并不是照抄，而是要根据自己的实际情况进行学习，这样做可以让我们少走很多弯路。

4. 敢于犯错。我们在学习新技能的过程中会不断地犯错，但是我们不能因为害怕犯错就止步不前。不敢犯错就不会有进步，所以只有敢于犯错，不断犯错，才能让我们对相关知识有更加清晰的认识，才能让我们更加熟练地掌握新技能。

5. 对新技能进行拆解。对于要学习的新技能，我们应该将其拆解或细分为不同的阶段，拆解得越细，实现目标的道路就会越顺畅。

6. 努力消除障碍。我们在练习某些新技能的时候，很有可能会因为一些诱惑而分心，如手机、电视等。而这些都是我们实现目标的障碍，所以我们在学习新技能的时候要尽量远离这些诱惑，最好是在一个相对安静的环境中进行学习。

拥有强大的内心

孔子带领弟子周游列国的时候，被陈国所派的服劳役的人围困在陈国与蔡国之间一个前不着村、后不着店的地方，他们所带的粮食很快被吃完，整整断粮了7天。在这7天时间里，孔子和自己的弟子每天靠喝野菜汤来维持生命，每个人都非常疲惫。

就是在这种情况下，孔子依然每天在屋子里弹琴唱歌。看到这种情况，有的弟子心里便有些不满。

这天颜回在屋外择采来的野菜，子贡与子路相互议论说："夫子两次被赶出鲁国，在卫国遭受铲削足迹的侮辱，在宋国受到砍掉大树的侮辱，而在商、周后裔居住的地方被逼迫得走投无路，现在又陷入如此困难的境地。那些图谋杀害夫子的人没有被治罪，侮辱夫子的行为也没有被禁止，可是夫子现在还在弹琴唱歌，难道夫子不懂得羞辱竟然到了这样的地步吗？"

其实他们当着颜回的面这么说，就是想让他转告孔子。果然颜回因为没有办法回答他们的问题就回屋告诉了孔子。

孔子听了，推开琴叹息着说："子路与子贡的见识真是浅薄啊！你把他们叫进来，我有话对他们说。"

于是，子路与子贡来到屋子里，子路一边走还一边说："像现在这样的情况真可以说是走投无路了。"

孔子听了训斥道："你这说的什么话！君子通达于道叫作贯通，没办法通达于道叫作走投无路。现在我信守仁义却遭遇乱世所带来的祸患，怎么能说是走投无路呢？所以，善于反省就会通达于道，面临危难就不会丧失德行。严寒已经来临，大地满是霜雪，这个时候我才真正看到了松柏的郁郁葱葱，这也正是它们的可贵之处。由此看来，现在困在这里，对我来说恐怕还是一件值得庆幸的事。"

说完，他继续平静地弹琴并且随着琴声歌咏，子路听了他的话兴奋地拿着盾牌跳起舞来，而子贡则非常恭敬地说："我真不知道夫子是这样的高洁，而我却是这样的浅薄啊。"

有人说孔子困于陈、蔡之间时是中国精神最为关键的时刻，在自己的政治主张多次受到打击，几乎被饿死的困境下，孔子依然坚持自己的理想没有放弃，他那颗强大的心脏所折射出的巨大精神力量两千多年后还是让人振奋不已。

内心强大的人拥有很多优秀的品质，如自信、乐观、宽容、有效地控制情绪、知道如何拥抱变化等。那么，我们如何才能让内心变得强大呢？

1. 多读书，弥补自己的无知。无知会让我们的内心变得软弱与空虚，我们可以通过读书来弥补这种精神上的空虚。

2. 敢于尝试，做自己不敢做的。自卑的人内心自然是不够强大的，虽然自卑的原因有很多，但其实解决的方法只有一个，那就是发现自己的闪光点。为了实现这个目标，一定要敢于尝试，做一些之前不敢做的事，勇敢地征服新事物。当成就感越积越多，我们会发现自己也是非常优秀的，这个时候内心自然就会变得强大了。

3. 应该思想成熟、有担当。平时要多想想自己所处的位置，多想想自己所需要承担的责任以及自己的目标。摒弃一些幼稚的想法，只有这样自己的思想才能成熟起来，思想成熟了，有担当了，内心才能变得强大。

4. 多接触别人。接触形形色色的人会让我们懂得如何交际，懂得这个社会的生存法则，更加深入了解社会的现实。经历得多了，内心自然就会强大起来。

5. 积极增强能力。要想办法全方位提升自己，如在工作上要多学习行业知识、多参加技能培训充实自己，还可以多读书看报。只有让自己变得更加优秀，我们的内心才能足够强大。

6. 高度自律与自黑。所谓自律就是约束自己，简单来说，就是通过严格的日程表去控制生活。只有这样，才能在严格的自律中不断地磨炼出自信。除自律外，自黑的能力也是相当重要的。自黑就是敢于嘲笑自己，我们必须比那些无聊恶俗的、动不动就在背后议论我们的人更加擅长黑自己。这样做会让我们避免受到伤害，同时也会让我们的内心变得更加强大。

7. 能够承受绝望。真正内心强大的人必然能够承受绝望，在绝望来临的时候，他们能够坦然无畏地接受，就算是当下非常痛苦，他们也依然能够在绝望中寻找希望。当我们有了承受绝望的能力，我们的内心就会足够强大，再遇到任何事自然也就不会怕了。

让我们爱上阅读

小宇很爱读书，他所就读的学校图书馆虽然不小，但是每次借书都要排长队，而且他想借的书十次有九次都被借出去了，这让他很苦恼。

后来，他费了一番周折后打听到青年宫图书馆借书比较方便，于是马上去申请了一张借书证。可当时他家住的地方距离图书馆很远，他每天吃过晚饭后要花一个多小时的时间才能走到那里，当时国家正值困难时期，很多人都吃不饱，小宇去图书馆走到一半的路程就饿了，当他忍着饿来到图书馆的时候，距离闭馆时间也就剩下不到一个小时了，再加上找书也需花费一些时间，留给他看书的时间就剩下半个小时了。

就在这样的情况下，十三四岁的小宇硬是每天忍着饥饿坚持去看书，看完之后再走一个多小时回家。正是少年时这段颇为艰辛的阅读时光，为其日后的写作打下了坚实的基础。

阅读能够让我们在较短的时间内掌握大量的知识，让我们摆脱迷信与愚昧；阅读能够让我们开阔视野，不再局限于生活中的一隅，而是拥有广阔的胸襟与远大的理想；阅读能够让我们认识更多的朋友，尤其是能让我们找到志同道合的朋友；阅读能够提升我们的综合素质，同时让我们的气质变得更加出众。那么，怎样让自己爱上阅读呢？

1. 制定明确的阅读目标。现实生活中，有很多人在读书时并没有固定的目标，经常看到一本感兴趣的书就看一看，这些人看的书种类虽然很多，但是杂乱无章。所以在阅读的时候我们必须制定明确的目标，明确自己要读哪一方面或哪一类书。

2. 充分利用旅途时间。旅途时间是我们静下心来阅读的大好机会，我们可以在这个时候读一本引人入胜的小说，就算周围都是拥挤的人群，我们的旅程也会是快乐的。

3. 从感兴趣的书入手。养成好的阅读习惯，对很多人来说都不是一件容易的事。很多人在开始的时候雄心勃勃，立志要在规定的时间内读上多少本书，但是刚读了两三本就没法再坚持下去了。所以，要想培养自己的阅读习惯，最好先从自己感兴趣的书开始，这样才能让自己慢慢地喜欢上阅读。

4. 选择适合自己的阅读方式。随着互联网的普及，越来越多的人选择互联网移动阅读、碎片化阅读，而选择纸质阅读的人则日益减少。究竟是选择互联网阅读还是纸质阅读，要根据我们个人的具体情况、兴趣爱好来决定。

5. 远离手机。很多人说自己工作很忙、生活压力很大，根本没时间看书，但是这些人看手机的时间却是有的。如果我们能适当地远离手机，就可以将往常用来玩手机的时间拿来阅读。

6. 尝试看一些新作者的书。通常来说，我们所阅读的应该是自己期待或感兴趣的书籍，这些书会经常在我们的脑海中出现。但是如果我们不及时更新自己的阅读列表，时间长了我们的兴趣就会枯竭，所以我们可以尝试阅读一些自己感兴趣的、不同风格的新作者的作品，它们会激发我们的阅读兴趣。

7. 找个适合阅读的地方。适合阅读的地方起码应该是舒适明亮的，而且最好能有一张小桌子。此外，还可以在沙发上放一个装自己心爱书籍的小盒子。

8. 进行大胆的想象。我们可以在脑海中想象书中所描绘的某些经典情节，可以想象假如自己处于书中的情景该怎么办，也可以大胆想象书中的角色会是什么样子。我们没有必要完全按照作者所描写的样子去想象，甚至可以将这些角色想象成自己认识的人。此外，还可以设身处地为书中的角色考虑，如我们可以想一想，自己在生活中是不是也遇到过与主角类似的情况，看看他的处理方式与自己有哪些不同。

让内心保持平静

管宁是我国东汉末年、三国时期的著名隐士。他16岁的时候父亲去世，亲戚朋友可怜他孤独贫困，就赠予财物让他办丧事。可是他没有接受一文钱，而是根据自己的财力为父亲办了丧事。

他年轻时和华歆是好朋友，两个人形影不离，相处得很好。有一次他们两个人一起在菜地里除草，发现地里有一块黄金。管宁看到之后还是继续除草，就像是看到了一块石头一样。而华歆则将黄金捡起来认真看了好一会儿之后，才扔到地上继续除草。

还有一次，他们坐在一张席子上读书，正看得入神的时候突然外边一阵喧闹。管宁就像没听到一样继续埋头读书，而华歆则马上起身跑到门外，想要看看究竟是什么事。原来是官员的车队从这里经过。华歆看着这样的声势与豪华的排场，非常羡慕，站在那里看了好久。

他回去之后，管宁当着他的面拿出刀将席子从中间割成两半，然后宣布："我发现咱们的志向与情趣实在相差太大，咱们以后还是不要做朋友了。"

内心的平静非常宝贵，尤其是在当今这个物欲横流、充满诱惑的社会，要想做到不为外物所动更是难上加难。如果我们能够保持内心的平静，就能够找到真正的自己，体会到不用借助外在的刺激也可以活得很快乐。那么，该如何做才能让内心保持平静呢？

1. 接受现实，停止抱怨。每个人的能力都是有限的，这个世界上有太多我们无法左右的事情，既然如此我们就应试着接受，不要让这些事情影响我们的心情，更不能因此而抱怨，毕竟抱怨解决不了任何问题。当我们能够完全接受那些无法改变的事实，就能自动将自己从焦虑与压力中解救出来，我们的内心因此而获得了平静。

2. 弄清楚自己烦恼的原因。认真想一想，究竟是什么让我们的内心无法获得平静，要根据事情的起因慢慢找到问题的症结，从而解决让自己烦恼的问题。要记住，不管是什么问题都有解决的方法，不应该将问题压在心里，而是应该尽早提出来，尽早解决。

3. 多见见世面。如果我们经历得足够多、看得足够多，那么再遇到同样的事情也就不会觉得有什么大不了，自然就不会再烦恼了。所以，有条件的话，还是要让自己多见见世面。

4. 独处一段时间。如果内心无法平静的话，我们可以脱离人群，找一个安静的地方独处一段时间，让自己认真品味一下内心的平静，这样或许可以让自己真正平静下来。

5. 冥想。冥想可以改变我们的心理状态。每天花上20分钟，放下手上所有的事情，静静地坐在那里，闭上眼睛什么都不去想，这个时候我们会发现自己获得了灵魂的平静。

6. 学会活在当下。具体来说，就是停止思考已经发生的以及还没有发生的事情，不要为这些事情担心，只专注于眼前的生活。

7. 将眼光放长远一些。有很多人总是在自己面临的各种问题上倾注了太多的时间，对自己过于关注。其实，在这个世界上值得我们关注的事还有很多，我们应该拿出更多的时间去关注其他事，要意识到这个世界并不是围绕着我们的问题在转，要学会超越自我去看问题。只有这样，我们才会发现自己的问题其实根本不算什么，这样一来我们的内心也就获得平静了。

8. 进行心理暗示。心情烦躁或不开心的时候，可以多想想那些让自己开心的事情。想想哪些事情可以让自己心情平静，不断地暗示自己只有心平气和才能够将问题解决。

9. 不断学习。我们需要始终保持开放的心态，不断地学习各种知识，从而感受到成长的每一天带给我们的平静。

Chapter 4

人际关系基础篇：更好地了解他人

提高沟通技巧

魏文培是某公司新媒体部门的主管，部门的同事都表示在她手底下干活心里挺轻松的，没有那么大压力，而这都是她善于沟通的结果。

这个部门有很多不同的岗位，如有负责搞视频的，有负责编辑公众号内容的，负责录制音频、设计的，她在给手下员工安排工作时，每次都会非常认真地解释。她会和每一个岗位上的同事进行沟通，充分考虑每个人的理解能力，所以每个人都能清清楚楚地知道自己究竟要做哪些工作，这大大提高了部门的工作效率。

此外，在日常工作中，她还特别鼓励同事之间有什么事要及时沟通，有什么不明白的地方一定要问，如果一个人对其他同事的工作有意见，也一定要摊开来说，不要憋在心里。在她的鼓励下，部门完全不存在那些常见的"内斗"，所有人都一心想着要把工作做好。所以，在公司进行考核时业绩最突出的就是他们部门，而魏文培也因此得到了公司的重用。

在人们的日常交流沟通中，由于交流双方在价值观、表达方式、个人情绪、感受、判断力、倾向方面存在差异，很容易出现沟通障碍。那么，我们如何才能克服沟通中的这些障碍呢？

第一，讲话者在传达信息时应该充分考虑到交谈对方的需要与理解能力。此外，讲话者在表达时要做到简明扼要。

第二，要鼓励进行对话。单向的沟通始终存在讲话者不确定对方能否充分理解信息的问题。所以在信息传达完毕后，讲话者应该与对方进行一个简短的对话来了解、确认这个问题。

第三，讲话者在传递信息时一定要确认自己所讲述的内容已经包括所有要点，并且确切表达了自己想要表达的所有意思。

第四，要确认信息被传递给他人的时候没有受到任何外因的干扰。

第五，讲话者一定要确定自己所选择的信息传递方式是合适的，建议使用多媒介的传递方式。

第六，要确保所传递的信息能够及时、准确地让他人接收。在必要情况下，要想办法保持“传输线路”的通畅，否则信息就很有可能在传递过程中丢失，其中面对面的交流可以有效地减少干扰。

第七，沟通的内容要做到言之有物、语义确切、有针对性，要尽量做到数字化、具体化和通俗化。尽量避免含糊的语言，更不要讲废话、空话和套话。

第八，要认真倾听，详细了解对方的所思所想以及真实的需要和感受。要能够站在对方的处境、角度去理解对方、体会对方。

第九，要注意对自己的情绪进行控制。在沟通的过程中，如果发现自己的情绪不好，要及时察觉，让自己快速冷静下来，不要被情绪所绑架而失去理智。此外，当沟通双方出现意见分歧时，要正视问题并及时与对方进行交流，积极化解矛盾与冲突，最终让事情得到圆满的解决。

培养同理心

张阿姨退休之后回老家待了一段时间，后来因为在老家太无聊，又到儿子所在的城市和儿子、儿媳住在一起。结果新鲜劲儿一过，她又开始无聊了，因为她一辈子努力工作，养儿育女，所以年轻的时候也没培养什么兴趣爱好，以致现在退休了，居然不知道该做点什么。

儿子看到她每天无聊的样子，就建议她和小区里的阿姨一起跳广场舞。张阿姨觉得这个建议不错，就答应试试。很快张阿姨就和其他阿姨混熟了，她们在跳过舞后还会一起聊天，约着买菜、购物、爬山等。

可是，张阿姨在跳广场舞的过程中却发生了一件不愉快的事。原来，有一次她们早上跳广场舞的时候可能是音量有点大，结果来了几个年轻人，要把她们的播放器关掉，还说以后禁止她们在小区里跳广场舞，理由是影响大家休息。

张阿姨很生气，她觉得不小心把音量开得大了点是不太对，但她们在小区的公共场所跳舞又不犯法，凭什么不让跳？况且老年人的兴趣爱好本来就不多，现在难道连跳舞的自由都没了？于是阿姨们和年轻人争论起来。后来她们又因为跳广场舞的事和那几个年轻人发生了几次矛盾。

这事把张阿姨搞得很烦恼，有一次她和儿子聊起这事，没想到儿子也说早上跳广场舞有时候确实会影响一些人的休息，年轻人晚上大多睡得晚，早上想多睡会儿却被广场舞给吵醒，他们当然会恼火。

张阿姨听了儿子的话，第二天早上没有去跳舞，而是躺在床上听，结果睡眠比较轻的她真的被广场舞的音乐吵得睡不着。这个时候，她才意识到应该站在年轻人的角度考虑问题，于是主动和舞蹈队的伙伴们说以后跳舞音乐声音尽量放低点，时间也尽量推后点，等年轻人上班了再跳，就这样小区里的年轻人再也没有因为广场舞的事和阿姨们发生矛盾。

日常生活中，人与人之间产生矛盾的一个很重要的原因就是缺乏同理心，不懂得站在他人的立场考虑问题。遇到事情时只是一味地站在自己的立场上为自己的利益考虑，而不顾及他人的想法与利益，在这样的情况下矛盾自然容易产生。

所以，要想解决人际关系中的诸多矛盾，其中非常重要的一点就是要努力培养同理心，有了同理心我们才能更好地站在别人的角度考虑问题。那么，我们该如何培养同理心呢？

1. 先设想自己的感受。如果我们没有办法触及自己的感受，就更别提去理解别人的感受了，所以我们应该首先发掘自己的感受，让自己能够真切地体会到这些感受。此外，还要选择合适的表达自身感受的方式。

2. 在自己与目标的主观世界之间保持客观的距离。简单来说，我们不能距离目标（即与我们沟通交流的那个人）的主观世界太远或太近。如果我们距离目标的主观世界太远，就无法对其产生同理心；如果离得太近，我们又会模糊自己与对方之间的界限，就没有办法建设性地去理解对方的处境，从而迷失在对方的主观世界中。

3. 适当地进行自我暴露。适当地自我暴露，具体来说就是我们所说的话和我们与对方所交流的内容是坦率的，但是又不过度。这样就能让我们的主观世界接近目标的主观世界，大家也能建立共同的价值观，从而加强同理心。

4. 认真聆听目标的叙述。有的人在和别人沟通交流的过程中，没有认真听就着急发表自己的意见，结果只是说出一堆没有影响的话，不会对对方产生任何影响。

所以，想让自己对对方的话产生有效的反馈，一定要认真聆听对方说的话。只有通过积极的聆听，才最有可能接触对方的主观世界，从而捕捉到对方话语中所包含的深层含义。

5. 积极利用反馈。我们可以将自己所理解的对方的想法和感受说给对方听，通过这样的方式弄清楚对方的真实想法。这样做不仅能帮助对方更深入地叙述，也能向其表示他说的话我们认真听了。可以让我们与对方建立起伙伴关系，以便更好地探索对方的主观世界，从而促进双方对沟通内容有更深入的理解。

6. 将焦点放在对方的福利、利益与需求上。只有将焦点放在与对方息息相关的福利、利益以及需求上，才能真正地接近对方的主观世界，从而弄清楚对方在考虑些什么。

做一个认真的倾听者

林克莱特是美国知名主持人，一次他在节目中随机采访了一位小朋友。他问小朋友：“你长大了想做什么啊？”小朋友很认真地回答说：“我要做飞机驾驶员。”

林克莱特觉得挺有意思，就接着问：“如果有一天你所驾驶的飞机在太平洋上空飞行时，突然所有引擎都熄火了，那你会怎么做？”

小朋友想了想回答说：“我会让所有乘客都绑好安全带，然后我带上自己的降落伞跳出去。”

此言一出，在场的观众都被逗笑了，可是林克莱特并没有笑，而是注视着小朋友，等着他下一步的回答。

这个时候，小朋友看到那么多人都在笑自己就委屈地哭了。林克莱特觉得这个孩子绝对不会一个人逃生。于是，他又问：“你为什么要那么做呢？”小朋友回答说：“我先跳出去是为了拿燃料，我还会回来的！”

这个回答感动了现场所有人，他们都为孩子的回答热烈地鼓掌。

现实生活中，很多人因为各种原因没有做到认真倾听，他们往往觉得别人讲的内容不重要，没有必要认真听，抑或是没有必要全部听完，所以经常出现打断别人讲话的情况。而且因为没有认真地倾听，很多时候，我们没有办法对对方的真实意图有全面、准确的了解，这就给沟通造成了很多不必要的障碍。那么，我们该怎样认真地倾听呢？

1. 等对方讲完要说的话再发表意见。打断别人的话是一件让人非常恼火的事情，所以我们不要去做这种没有礼貌的事情。不管我们是否认同对方的意见，都要等到其发言结束再发表意见，这是起码的尊重。此外，就算我们不同意对方的观点，也应该先肯定再否定，这样对方在感情上比较容易接受，以后再沟通的时候就会容易很多。

2. 认真观察对方讲话时的表情。我们在交谈过程中，不但要听对方所讲的话，还要看对方是怎样与我们进行目光接触的，脸上的表情是怎样的。要考虑如果是我们自己，会在什么样的情况下出现这样的表情等。此外，我们对音调、语速、语气的变化也要特别注意，还要注意对方与我们的距离是近是远，以此来发掘其言外之意。

3. 进行积极的反馈。我们在听对方讲话时应该面带微笑，还要有适当的姿势或手势配合，让对方知道我们确实在认真听，并没有走神儿。如果我们对对方所谈的话题很感兴趣，那么遇到不明白的地方可以问一问，表示我们在认真听他讲话。

4. 要多称赞对方的发言。对方听到我们称赞他的观点，自然会对我们产生好感，从而增加与我们沟通的概率。

5. 保证倾听不受干扰。如果我们认真倾听对方所说的话，就会本能地抵制干扰，如关闭手机、靠近讲话的人或请他讲大声一点。

6. 暂时不要发表评论。如果对方讲了一些让我们情绪激动或是让我们兴奋的话，请认真听下去，直到他讲完为止，不要急着发表自己的意见，也不要贸然打断对方的话。

7. 根据内容而不是根据口才下定论。很多人在听人讲话时会因为对方的声音难听而不愿意继续听下去，这样做是不对的。正确的做法是将重点放在对方所讲的内容上，而不是讲话者的口才上。

通过兴趣爱好了解一个人

最近一段时间，姚新峰参加了几场读书会，认识了不少新朋友。这天，他和新认识的书友张寅在公司附近的一家商场约好见面，他们想要一起聊聊对工作的看法。

见面之后，两人先找了一家湘菜馆，选好菜后就聊开了。他们从工作聊到家庭，从家庭聊到感情，又从感情聊到个人的兴趣爱好。

谈及彼此的兴趣爱好时，姚新峰告诉张寅自己喜欢听交响乐，而张寅则说自己喜欢听摇滚乐，最喜欢的就是崔健、何勇、张楚这些人。姚新峰一听张寅喜欢听摇滚乐，就想起一个老师曾经对自己说的一段话："大部分喜欢摇滚乐的人，开朗、张扬，希望引人注目。"

想到这里姚新峰觉得自己对张寅的认识更深了一层。

日常生活中，我们有着这样那样的兴趣爱好，而兴趣爱好除能让我们与他人迅速拉近距离外，还能帮助我们快速地了解他人的性格。那么，不同的兴趣爱好背后隐藏着怎样的性格或心理状态呢？下面我们来简单了解一下。

一、从喜欢的音乐看人

1. 喜欢交响乐。这类人大多有十足的信心，所以能在短时间内与他人成为朋友。但是对他人的盲目信任经常会导致其吃亏上当。

2. 喜欢流行音乐。这类人大多在生活中很平凡，喜欢随波逐流，在人际交往与恋爱中总是选择远离复杂的问题，家人或爱人会为他们解决很多问题。

3. 喜欢爵士乐。这类人通常比较感性，很多人会凭着一时冲动去做某件事，而且有时会脱离客观实际。他们的脑海中总是有一些比较荒唐的幻想，讨厌受到约束。

4. 喜欢古典音乐。这类人往往有着较强的理性，善于自省，可以用理智去约束情感，他们能够从音乐中汲取很多人生感悟。

5. 喜欢打击乐。这类人常常对生活充满希望，而且爽快耿直，会对自己的未来进行精心设计。他们在生活中处处以和为贵，并不挑剔，总是谈笑风生，有着很强的社交能力。

二、从读书的种类看人

1. 喜欢读历史书籍。这类人大多比较沉着、稳重，有着丰富的内涵。他们拥有一定的创造力与想象力，很少将时间与精力花费在与他人闲聊上，而是会去做一些自己觉得比较有意义的事。

2. 喜欢读漫画书。这类人通常都很爱玩，喜欢自由自在的生活，活泼开朗，生活态度较为随便，所以活得很轻松。

3. 喜欢读科幻小说。这类人大多具有丰富的创造力和想象力，喜欢新鲜的事物，喜欢向未知领域发起挑战。日复一日的枯燥生活是他们厌恶的，他们希望生活中的每天都能有一些新发现。

4. 喜欢看传记。这类人有野心，而且性格大多较为坚强，心思较为缜密，在行动之前往往会将一切可能出现的问题考虑清楚，并准备一些应对措施。

5. 喜欢读武侠小说。这类人身上大多有一些侠义情结，为人豪爽，愿意为朋友做出牺牲等。

如何听懂弦外之音

赵明今年27岁了还没有对象，爸爸妈妈很操心这件事，一直张罗着给他介绍对象。一开始赵明觉得见见也行，万一有合适的呢？可谁知道一连见了三个，不仅耽误了不少时间，而且都不合适。

于是他有点烦了，爸妈再给他介绍对象，他就不愿意了。为了这事他和爸妈没少吵架，有的时候为了逃避相亲，他下了班甚至故意晚回家。但他也知道长此下去不是办法，所以非常烦恼，工作上难免分心，很快老板就注意到赵明工作时有些不在状态。

这天晚上下班，赵明又躲在办公室不回家。老板看见他后，先是简单问了两句工作上的事，然后说："你最近是不是谈恋爱了？"赵明说没有。老板又说："家里也挺好的吧，如果有什么需要公司帮助解决的，尽管说。"赵明赶紧说没有，又闲聊了两句，老板就回去了。

老板突然这么关心自己，赵明还是挺高兴的。因为平时作为普通职员的他与老板当面沟通的机会挺少的，现在老板突然关心自己的生活，赵明觉得是不是老板要重用自己了。

第二天中午吃饭的时候，他还把这件事讲给了自己在公司的好朋友——市场部主管张兴听。张兴听了之后对他说："这可不是什么好事，你其实没听明白老板的意思，他之所以这么问你，是对你最近的工作状态不满意但又不想直接批评你，所以才以这种方式来提醒你。你要注意了，最近工作时千万要打起十二分精神，绝对不能出错。"

赵明接受了张兴的建议，暂时不去考虑家里的事，全心全意地投入工作中，果然老板再也没有关心过他的私事了。

我国的语言艺术博大精深，很多善于说话的人会将话说得很委婉，如果我们没有听懂弦外之音就没有办法理解其所要表达的真实意图。这样一来，彼此之间的沟通交流就会出现问题。那么，如何听懂话语中的弦外之音呢？

1. 增加社会阅历。世事洞明皆学问，人情练达即文章。只有走得多了，看得多了，听得多了，我们才不会被迷惑。要想增加社会阅历，除多走、多看、多听外，平时还要细心观察人们为人处世的各种方法，并掌握这些方法中所包含的普遍规律。

2. 让换位思考变成习惯。有时候，我们会对别人处理事情的技巧感到陌生，但是当我们遇到相同的事情时也会采用同样的手段去处理。所以，我们要将换位思考变成本能与习惯，以便能够在对话时尽快领悟别人的弦外之音。

3. 逆向逻辑推演。我们在和阅历较丰富的人一起交谈时，不能只是按照对方的字面意思去理解，而是要将对方的话反过来听，还要结合逻辑进行思考与推演。这样所领悟的意思才是对方真正想要表达的意思。

4. 了解对话的大局。每个人的言行举止都会以自己的立场作为出发点，因此我们在日常生活中要善于与人交流信息，掌握对方的基本立场以及相关联的其他重要内容。这样一来，我们在谈话中就可以举一反三，领悟更多的新内容。

5. 了解对方的性格。不同的人有着不同的性格，当我们了解了对方的性格，就能更好地知道他们会在什么时候以什么方式表达弦外之音。

6. 注意观察反常现象。如果对方突然出现放慢语速、加重语气或开始使眼色等反常现象，这些其实就是比较明显的要表达弦外之音的信号了。对这些信号我们要格外重视，并且要结合以上所讲的几条要点进行领悟。

从打招呼的方式了解一个人

王晨光是一个热情且有礼貌的人，在小区里遇到认识的邻居会热情地打招呼，时间久了他竟然因此变成了小区的名人，很多人都认识他。

平时上班他也会很热情地和同事、领导打招呼，大家看到他心情都会好很多。最近公司从外地的分公司调来了一个研发部主管，据说是名牌大学毕业的。这天，王晨光在公司楼下等电梯的时候正好遇到了这位研发部主管，于是主动上前打招呼。可是没想到，对方却一点反应也没有，这让他多少觉得有点尴尬。

中午吃饭的时候，他把这件事说给同事听，同事告诉他以后不要和那位主管打招呼了，因为据说他在原来的分公司任职时就是出了名的傲慢，平时别说不理睬普通员工，就是领导和他打招呼，他也是不理的。就是因为他太过傲慢，所以得罪了很多人，因此他虽然挺有能力，但还是在各个分公司之间来回调动，长时间得不到升迁。

打招呼是日常生活中人们在交往时互相表示友好的方式，我们从打招呼与应答的具体表现中或多或少可以看出一个人的性格。下面我们就来简单了解一下怎样通过打招呼识人。

1. 打招呼的时候，动作过于激烈。有的人在和别人见面时习惯拥抱对方，有的人还会拍打对方的肩膀，动作幅度比较大。如果我们遇到这样的情况，那么意味着要么这个人和自己是非常要好的朋友，要么就代表我们遇到了一个强劲的对手，就像是两个武林高手比武一样，双方的手一旦握住，就开始较量内力。

2. 第一次见面就很随和地打招呼。如果一个人和我们第一次见面就很随和地向我们打招呼，通常会让我们有点吃惊。有些人会认为这样做的人比较轻浮，其实他们只是喜欢与他人拉近距离。

3. 很少或从来不与别人打招呼。有的人会觉得从来不与人打招呼是没礼貌，可实际上有时不与人打招呼的根本原因是心理障碍。此外，一个不善于与人打招呼的人所拥有的社交圈子是非常小的，很容易给人自命清高的印象，让人敬而远之。

4. 打招呼时，眼睛直视对方。这样的人通常具有强烈的自我意识，看问题时习惯从自己的角度出发。在交谈的过程中，他所说的话往往具有较强的攻击性与试探性，想要通过打招呼让对方认识到他是处于强势地位的。此外，要想和这样的人成为好朋友，我们应该以轻松的谈吐与柔和的目光来面对其攻势，千万不要对他的目光犯怯，那样他会看不起我们；也不要针锋相对地与其对视，那样会让气氛变得紧张、压抑。

5. 打招呼时与人保持一定的距离。如果一个人在与我们打招呼时先故意后退两三步，这样的小动作通常会让人误以为是冷漠的表现，有可能导致话题没办法展开，也很难开怀畅谈。其实像这种有意拉开距离再打招呼的行为是警惕、谦虚、顾忌等心理表现。

6. 不看对方的眼睛打招呼。如果我们看着一个人的眼睛打招呼，对方却不看我们的眼睛而做出应答，这样做其实并不是看不起人，也有可能是对方在陌生人面前比较紧张。

握手识人

周鸣在半年前启动了一个地产项目，他为这个项目倾注了全部的精力。可最近一段时间，公司在财务上出了一点问题，导致项目的资金链变得很紧张，如果在一个月内找不到新的合作伙伴注入资金，这个项目就会停工。

因此，他的一个好朋友给他介绍了一位对这个项目有意向的人，他们约好在一家咖啡馆见面，先互相了解一下。

他和那个人见面后先互相进行了简单的自我介绍，然后对方微笑着伸出手，说："很高兴能认识你。"周鸣也赶紧把手伸出去与对方握手，结果在握手的过程中他发现对方力度适中，动作稳健踏实，两只眼睛注视着自己。就这样一个简单的动作，让周鸣对对方有了信心，他觉得这样握手的人一定是坦率、坚强的，是个值得信赖的人。

在随后的交谈中，周鸣发现自己与对方有很多理念都是相同或相近的，经过考察，他决定与对方合作。事实证明他的选择是对的，他和这个人合作得很好。

现代社会，握手不仅是人际交往中的一个基本礼节，也是我们观察他人内心活动、了解他人性格的重要窗口。下面我们就来简单了解一下如何通过握手去了解一个人。

1. 握手的时候力量很大。这类人通常有点逞强，但是内心热情诚恳，做事认真，一丝不苟。在通常情况下，这类人有着稳定的情绪，而且性格坦率、坚强。

此外，有的人与人握手时，不仅有力且时间长，这样的人是很有耐心的，做事不会半途而废，喜欢全力以赴，做到最好。在与人交涉的时候，也能够在气势上压倒对方，迫使对方做出重大让步。

2. 握手时既不紧，也没什么力量。这类人通常内心软弱，做事犹豫不决。握手时只是握一下就松开的人既多疑又实际，他们喜欢去猜别人的想法，做事情深思熟虑，有着周密的计划，在与他人周旋的同时，会对对方说话与做事的真正动机与企图进行分析。

3. 用两只手握手。这类人大多是热情且善于交际的，他们不容易得罪别人。

4. 握手时握住对方的手久久不放。这类人有着丰富的情感，喜欢结交朋友。

5. 握手时只用手指抓握对方掌心而不与对方接触。这类人个性敏感，容易激动，不过这样的人富有同情心且心地善良。

6. 握手时紧紧抓住对方的手且不断上下摇动。这类人常常是乐观的，对人生充满了希望，他们会因为积极热情的态度而成为别人倾慕、爱戴的对象。

通过颜色识人

不知道从什么时候起，郑楚对色彩心理学产生了兴趣。只要有时间，他就会研究色彩心理学，越研究就越觉得有道理，于是他开始把自己所学到的一些东西应用到实际工作中。

最近，他公司的员工接二连三地辞职，甚至已经影响了公司的正常运转，这让他挺烦恼。经过一番认真思考与调查，他发现之所以有这么多员工辞职，最根本的原因是现在的人事部主管做得不到位。

这位人事部主管性格强硬，又爱较真，经常搞得人下不来台，所以与各个部门的同事关系都不怎么样，很多人因为受不了他的脾气而选择辞职。了解到这个情况，郑楚将人事部主管调到了监察部做主管，然后又对外招聘了新的人事主管。

值得一提的是，他在面试应聘者的过程中除问一些基本问题外，还会问对方喜欢什么颜色，喜欢什么颜色的衣服，经常把对方问得摸不着头脑。

其实他这样做只是想选择那些喜欢绿色的人，因为色彩心理学上说喜欢绿色的人擅长和周围的人保持良好的关系，总是给人一种亲切的印象，周围的人对其也会非常信赖。

郑楚觉得这样的人做人事工作再适合不过了，所以在面试的过程中他会特别留意那些喜欢绿色的人，着重对这些人进行考察。最终，他从这些喜欢绿色的候选人中选出了一个他认为最合适的，后来的事实证明他选对了，这个人做了人事部主管之后公司很快就稳定了下来。

现实生活中充斥着各种色彩，我们每个人也会喜欢不同的颜色，喜欢不同的颜色背后隐藏的是不同的个性或心理活动状态。所以，从人们喜欢的颜色上多少可以看出其具体的性格特征，下面我们就来简单了解一下。

1. 喜欢黑色的人。这类人表面上给人一种专业、高贵、神秘、有主见以及应对得体的印象，但其实他们大多不善于社会交际。值得注意的是，他们喜欢自己在别人眼中是不平凡的人物。

2. 喜欢蓝色的人。这类人通常比较喜欢宁静，追求无忧无虑的生活，很有责任心，又善于控制感情，面对问题时通常能临危不乱，总是默默地化解冲突，等到该反击时则会以漂亮的手段折服对方。表面上看人缘应该不错，但实际上不擅长与人交往，所以只能和一些志同道合的朋友组成团体。

3. 喜欢黄色的人。这类人往往非常关心社会问题，喜欢追求崇高的理想，拥有渊博的学问。他们表面上看起来好像是社交专家，但是内心非常孤独。他们对很多事有自己独特的见解与想法，有着高度的创造力与好奇心。

4. 喜欢红色的人。这类人通常都是拥有旺盛精力的行动派，他们不管花费多大代价，也要满足自己的欲望与好奇心。饱满的精神会感染周围的朋友，但是缺乏耐性，只要稍微有不如意的事情就会生气。他们心直口快，做事说话都不会有过多的思考，从不会考虑别人的感受，也不会在乎可能产生的后果，最容易感情用事，有强烈的感情需求。

5. 喜欢白色的人。白色象征着纯洁、坦率、朴素、单调，喜欢白色的人大多单纯、开朗，爱憎分明，喜欢表露情绪。他们在日常生活中爱干净，与人交往时待人诚恳，有教养，厌恶世俗，但是缺乏决断力和执行力，遇到问题时会不知所措。

6. 喜欢粉色的人。这类人大多是天真的幻想家，有着纯洁的心灵，每天生活在自己编织的梦里。他们比较感性，待人温和，常常想让自己表现出年轻、有朝气的感觉，散发着一种让人看到就觉得很舒服的魅力，但是有逃避现实的倾向。

眼神背后的秘密

有一次，李鸿章带着三个人去见老师曾国藩，他想把这三个人推荐给老师。当他们到达曾国藩府上时，恰巧赶上曾国藩出去视察军务，要等一会儿才能回来。于是李鸿章让那三个人在外边等着。

过了一会儿，曾国藩办完事从外边回来了。他看到屋外站了三个人，便认真地打量他们，然后什么都没说就进了屋子。

李鸿章看老师进来了，马上站起来向他问好，然后说："外边那三个人是我带来的，想让您看看能不能用，您看用不用把他们叫进来聊聊？"

曾国藩听了笑着说："不用了，刚才进来前我已经观察过他们了，左边的人我看他的时候，他目光低垂，小心拘谨，态度温顺，明显是一个小心谨慎的人，可以安排做些文书工作，后勤上的事也可以适当管一管，但不能重用。右边那个人目光灵动，但是我看他的时候，他不敢直视我，而是左顾右盼，明显是个机巧狡诈的人，是万万不能任用的。中间那个人目光凛然，敢直视我的眼睛，不卑不亢，是个忠直的君子，可以重用，将来或许可以做个大将。"

李鸿章听后半信半疑，但还是按照老师说的去做了。后来的事实证明，曾国藩的眼光果然不差。他所说的那个可以重用的人日后成了大将，并且做了清政府任命的第一任台湾巡抚，他就是刘铭传。

眼睛是心灵的窗户，人们心中的复杂情感都会通过这扇窗户表达出来，因此我们可以通过观察对方眼睛神态的变化探知其内心深处的秘密。下面，我们就来简单了解一下怎样通过眼神的变化去了解一个人的内心。

如果一个人眼睛下垂，连头都向下倾，说明其心里有特别担忧的事。这个时候，我们不要向他讲自己得意的事，因为这样做反而会加重他的痛苦。

看人的时候眼睛成直线的人有主见，但是比较固执。看人的时候斜视且目光流露贪婪的人很容易起邪念。

如果一个人眼神散乱，说明其处在六神无主的状态。如果一个人眼神阴沉，说明这是发狠的信号，与其交流时一定要小心。当我们问一个人问题时，如果其眼神沉静，说明他对解决问题的方法早已胸有成竹。

看人的时候总是在不经意间向上翻眼珠，这类人眼高于顶，内心狂傲。

如果一个人眼神呆滞，嘴唇泛白，说明其对当前出现的问题惶恐万分，虽然并不绝望，但是也没有什么好的解决方法。如果一个人眼神恬静，面带笑容，表现自然，说明其对某些事情非常满意。

如果一个人的眼神像是在冒火，说明此人怒火中烧，情绪激动。如果一个人眼神淡定，但是魂不守舍，说明他对我们正在讲的话感到厌倦，再说下去已经没有必要了。

如果一个人眼角上扬，说明其不屑于听我们说话，不管说什么都没法引起他的兴趣。如果一个人眼睛有神，而且明亮有光泽，说明其身体健康，性格阳光，内心纯净。

如果一个人看着我们的时候目不转睛，说明他很喜欢我们。如果一个人低眉含羞，偶尔才抬头看一下我们，说明其内向怕羞，但是对我们有好感。

通过小动作了解内心

被崇祯皇帝寄予厚望的蓟辽总督洪承畴在松山被皇太极率领的八旗军打败，随即被清军俘虏。被俘虏之后他被带到盛京（沈阳），关押在皇宫里的三官庙。此时的洪承畴抱定了必死的决心，每天披头散发、光着脚，不吃不喝，对皇太极破口大骂。

在这样的情况下，皇太极仍然动员了所有能够动员的力量去劝他投降，其中大部分都是他以前在明朝的同事。在大家都无法说动他的情况下，范文程出马了。

范文程面对暴跳如雷的洪承畴一点都不紧张，也不生气，而是静静地与他谈古论今，同时悄悄察言观色，就这样洪承畴终于冷静了下来。

就在他们聊天的时候，房梁上的灰尘飘下来，落在了洪承畴的衣服上，此时洪承畴下意识地用手轻轻将灰尘掸去。范文程看到这里不由得暗暗一笑，马上告辞。

他见到皇太极之后把这件事告诉了他，并对皇太极说："臣敢保证洪承畴已经不想死了，这个时候他连自己的衣服都那样爱惜，何况是自己的性命呢？"

皇太极在确定洪承畴不想死之后亲自上阵劝他，还脱下自己的衣服给他穿，成功收降了洪承畴。

我们在与人交流的时候经常会不自觉地做一些小动作，这些小动作的背后代表了一些复杂的心理活动。下面，我们就来简单了解一下各种小动作所代表的心理活动。

喜欢掰手指，还总是要掰响，这样的人通常拥有旺盛的精力，而且非常健谈，但是喜欢钻牛角尖，对工作环境与事业都非常挑剔，如果是其喜欢做的事情，一定会不惜任何代价，努力做好。

在和人谈话时会一边说一边笑，这样的人拥有开朗的性格，对生活不挑剔，懂得知足常乐，有人情味，对待感情很专一，非常珍惜亲情与友情，还有较好的人缘，喜欢平静的生活。

在谈话时会轻轻地拍打头部，这表示其在自我谴责和懊悔。这样的人虽然对人苛刻，但是对事业有一种超乎常人的进取精神。他们通常真诚、心直口快，富有同情心，愿意为他人提供帮助。

讲话时摇头晃脑。这样的人往往特别自信，以至于有些唯我独尊。在社交场合他们会忙于表现自己，同时他们对事业一往无前的精神也令人赞叹。

经常低头的人做事很慎重，他们非常讨厌过分轻浮的人和激烈的事，非常勤劳，而且交朋友的时候也很慎重。

喜欢到处张望的人是具有社交性格的乐天派，对什么事都有爱好，对人会有非常明显的好恶感。

喜欢用手握着手臂的人通常都是保守、非理性的，因为对别人的要求不太擅长拒绝，所以经常有吃亏的可能。

喜欢摆弄头发的人是有些情绪化的，他们会经常觉得郁闷、焦躁，对流行趋势比较敏感。

耸肩摊手的动作表示自己无所谓，这样的人通常都是非常热情的，而且为人诚恳，有想象力，会创造生活，同时也会享受生活。他们所追求的最大的幸福就是生活在愉快、和睦的环境中。

喜欢用脚或脚尖让整个腿部抖动起来的人善于思考，经常会提出一些人们意想不到的问题。

摆弄饰物的大多为女性，她们通常比较内向，不会让感情轻易外露，做事踏实认真。

频频吐舌头的人大多是缺乏自信的，他们经常担心别人责备自己，所以会显得有些神经质。不管做什么事他们都希望得到他人的评价，但是又不大经受得起批评，所以会出现这些小动作。

穿着打扮中的小秘密

东晋时，朝廷重臣郗鉴与丞相王导交情不错，他听说王导的子侄都是英俊潇洒的才子，于是给王导写了一封信。他在信中对王导提到想在王氏家族中挑选一个人做女婿，王导回信说自己家里的子侄很多，请郗鉴到家里去挑选，只要是他看中的，自己都同意。

于是两人约定了具体时间。到了这一天，王导让人通知自己还没有结婚的子侄都好好准备一下，不要给王家丢面子，而他的子侄听说郗鉴要来家里选女婿，都认真地打扮了一番，只有王羲之没当回事。

这天，郗鉴派来的管家到了王府，他看来看去觉得这些王家公子都不错，可是等他来到东跨院的书房里，却看见一个年轻人袒胸露腹地躺在床上看书，这就是王羲之。王羲之因为天气太热所以随手脱掉了外衣，一边喝茶一边欣赏蔡邕的书法，甚至没有注意到郗鉴的管家进来。

郗鉴的管家很惊奇，见到郗鉴后说："王丞相家的公子个个都是青年才俊，听说您要选女婿都争先恐后的。只是东院有一位公子好像一点都不在意，袒胸露腹躺在那里，好像没事人一样。"

郗鉴听了笑着说："他就是我要找的人啊。"于是做主把女儿嫁给了王羲之。事实证明他的选择是正确的。

一个人日常的穿着打扮在一定程度上反映了其内心真实的心理状态或性格，只要我们留心观察，多少能够从各式各样的服饰中发现一个人内心的秘密，了解其心理状况以及审美标准。下面我们就来简单了解一下穿着打扮与性格特征之间的关系。

1. 穿着马虎的人。这类人通常穿衣服不太讲究，会给人一种邋遢的感觉。他们大多做事具有积极性，待人热情，对工作认真负责，有始有终。

2. 喜欢穿可爱洋装的人。这类人通常是洋气十足的样子，会让人耳目一新。但是他们内心中其实很渴望得到他人的理解、帮助与照顾，而且大多对健康非常重视。

3. 喜欢穿漂亮套装的人。这类人往往对自己的外表非常注重，希望可以通过着装给人留下良好的印象。他们通常会给人一种有主见、有责任感、比较干练的印象。

4. 喜欢穿时尚个性服装的人。这类人通常比较有个性，不在乎别人的观点与眼光，甚至会对他人的指责嗤之以鼻。

5. 喜欢穿花里胡哨衣服的人。这类人有时有非常强的虚荣心，爱炫耀和表现自己，而且飞扬跋扈、非常任性。

6. 喜欢穿同一款衣服的人。这类人大多性格直率，通常有自己的主见与观点，拥有很强的自信心，做事果断利落。

7. 经常替换衣服的人。这类人通常以女性居多。他们有很多衣服，甚至一天能换上好几件。他们喜欢张扬、炫耀，特别挑剔，做事的时候会变成一个完美主义者。

8. 喜欢穿无袖衬衫的人。这类人通常放荡不羁、性格开朗，但是对人非常亲切、随和。他们没有远大的目标，做事率性而为，我行我素，喜欢突破创新。他们有着较强的自主意识，经常会以个人的好恶去评判一切。

9. 喜欢宽松自然的打扮，而不讲究款式的人。这类人大多性格内向，自我意识很强烈，常常会以自我为中心，不愿意与别人接触。但我们如果能打开他们的心门，他们会非常珍惜与我们的友谊。

从言谈探究内心

赵括是战国时赵国名将赵奢的儿子，他从小就熟读兵书，经常与父亲一起谈论用兵之道，自以为天下没有人能超过自己。有一次，他和父亲一起讨论排兵布阵之道，就连赵奢都没办法驳倒他。可是赵奢并不因此而认为赵括懂兵法，他深深地为此忧虑。

赵括的母亲问赵奢为什么忧虑，赵奢回答说："战争是关系到国家生死存亡的大事，可是括儿却总是夸夸其谈，说得如此轻松。将来赵国不用括儿为帅也就罢了，如果任用了他，那他一定会让赵军惨败，陷国家于危急之中。"

等到长平之战时，急于求胜的赵孝成王中了秦国的反间计，让年轻的赵括代替老将廉颇做了赵军的主帅。得到消息的赵母马上求见赵王说："不可以任用赵括为帅。"赵王问："为什么？"赵母回答说："当初他的父亲为将的时候与手下将领、谋士关系非常亲近，所得到的赏赐全都分给身边的人，接受命令的当天就不再过问家里的事。可是赵括做了将军后，却没有一个士兵或官员敢看他，大王赏赐的财物他都留给自己，还经常去视察自己的财产，这和他的父亲一点都不像。况且，他的父亲当初说过不可以任用他做军队的主帅，要不然一定会让赵军惨败，所以请您三思。"

但赵王听不进去，于是赵母请求如果赵括打了败仗，不要株连家族。赵王同意了她的请求。与此同时，老丞相蔺相如也认为赵王仅仅凭借虚名任用赵括是不对的，他认为赵括只是熟读父亲留下的兵书，根本不懂得灵活变通，所以请求赵王不要任用他，可赵王依然没有听进去。

结果赵括率领的40多万人被秦军包围，赵括在突围的时候被射死，赵国也几乎被灭国。

一个人在讲话的时候会流露出很多细节，如交谈过程中所表现出的语速、语调、讲话的内容、修辞等，这些细节会将内心真实的想法暴露出来。下面，我们就来简单了解一下如何从言谈之中探究内心的秘密。

一、根据讲话的特点、形式探究

1. 夸夸其谈的人。这样的人言过其实，做事通常主观武断，而且刚愎自用。他们大多缺乏工作能力，考虑问题也不是很周全，经常粗枝大叶，很容易在执行过程中出现问题。不过，他们经常会有一些奇思妙想，富于创造性与启发性。

2. 抓住对方弱点进行攻击的人。这样的人通常对别人所反映的问题能看得比较透彻，一针见血。但是他们不能顾全大局，缺乏团队意识，在现实生活中很容易被孤立。

3. 讲话笨笨的人。这样的人不善于讲话，但如果其讲的话具有较强的说服力，是值得信赖的人。

4. 讲话时打手势的人。这样的人往往具有丰富的表现力，而且落落大方，但是过于自信、喜欢风光。

5. 似乎什么都懂的人。这样的人在讲话时所涉猎的范围很广，好像什么都懂，可实际上他们只是一知半解。

6. 满嘴新理论、新名词的人。这样的人能够很快接受新生事物，每一次学到新东西都会跃跃欲试。但他们有时会没有主见、心浮气躁，很难沉静下来。

7. 讲话温柔的人。这样的人通常不喜欢争强好胜，欲望平淡，不会轻易得罪人。

二、根据讲话的声音、速度探究

1. 讲话缓慢而深沉的人。这样的人大多会把事情考虑周全，拥有极强的忍耐力，是值得信赖的人。

需要注意的是，当一个人的讲话速度比平常缓慢时，可能表示其对对方不满，抑或是对对方有敌意。相反，当一个人的讲话速度比平时快时，可能表示他犯了错，心里愧疚，也有可能是所说的话中有虚假的内容。

2. 小声讲话的人。这样的人或是性格内向，或是善于谋略，他们平时做事小心谨慎，不会流露真心。

3. 大声讲话的人。这样的人通常活泼开朗，正直善良，拥有领导力与责任感。

4. 讲话时语速很快的人。这样的人反应快，但是容易发怒，经常会对那些没有意义的、无关紧要的事情唠叨个没完，总是一意孤行而不听劝阻，完全不值得深交。此外，他们大都能言善辩。

从面部表情识别心理状态

齐桓公召集各国诸侯开会，卫国人最后到达，齐桓公觉得卫国人看不起自己，就和管仲秘密策划攻打卫国。除了他们没有第三人知道这件事。

他和管仲商量好之后退朝回到内宫，卫姬看到他之后急忙对他一拜再拜，还说要替卫国请罪，请他不要讨伐卫国。齐桓公听了很吃惊，但还是故作平静地问："我和卫国之间并没有什么怨恨、嫌隙，你为什么说我要攻打卫国呢？"

卫姬回答说："我看见您从外边回来的时候趾高气扬，有想攻伐他国的意思，但是您看到我之后马上改变了表情，我就知道您一定是要攻伐卫国。"在卫姬的苦苦请求下，齐桓公最终答应不讨伐卫国。

第二天，他上朝的时候，齐桓公先向管仲行礼，然后让管仲走向自己。管仲对他说："君王已经决定放弃攻打卫国了吗？"齐桓公听了很惊奇，就问："你是怎么知道的？"管仲回答说："您刚才向我行礼的时候非常恭谨，讲话时又很缓慢，看到我的时候又有惭愧之色，所以我知道您放弃攻打卫国了。"

从某种程度上来说，我们的脸是一张反映个人情绪与性格的晴雨表，我们可以通过他人的面部表情看穿其心理状态。在此，我们简单了解一下人类在表达一些基本感情时的面部表情。

1. 快乐时的面部表情。一个人在快乐的时候会微笑。当我们微笑时，下眼睑会微微上扬，在下眼睑下面会出现皱纹，鱼尾纹会分布在眼角的外围。

当我们的唇角向上或向外运动的时候，嘴巴就会变长。双唇分开并露出上面的牙齿。当我们在大笑的时候，也可能产生两条笑纹，从唇角的外部一直向上延伸到鼻翼的位置。同时，脸颊也会上升，鼓起来，有可能会高到让我们的两个眼睛看起来变细变窄的程度。这样一来，鼻子到嘴之间的笑纹就会更加明显。

2. 厌恶时的面部表情。当某些事或人让我们感到厌恶的时候，情绪会在我们的眼睛以及脸的下半部分有所反映。这个时候我们的下眼睑会上扬，在眼睑下方会出现一些皱纹。我们还会皱起鼻子，脸颊上移，双唇上扬，但是有可能仅仅是向上牵动嘴唇，下嘴唇下拉，微微翘起嘴巴。

3. 生气时的面部表情。当我们感到愤怒的时候，肌肉会将眉毛向下拉，并且向内紧缩。我们的眉头紧锁，两道眉毛之间出现纵向的皱纹。而当我们的上眼睑与下眼睑向着彼此移动得越来越近的时候，我们的两个眼睛就会变得窄且细。

此时，我们的眼神看起来冷酷、严厉，眼睛看上去就要凸出来一样。双唇紧闭，形成一条线，嘴角向下，抑或是张开嘴巴，就像是马上要大声喊叫一样。此外，一些处于盛怒中的人还会皱起鼻子，抑或是鼻孔张开。

4. 悲伤时的面部表情。整体上来说，嘴是最能够表露人心中的悲伤情绪的。一个人在悲伤的时候，嘴角会下垂，整个面部无精打采。如果我们因为悲伤而哭泣流泪，我们的双唇可能会颤抖，眉端会上扬，所以两道眉毛的中间、鼻子根部以及两个眼睛会呈现出一个三角形。在这个三角形的上方，额头会出现皱纹。与此同时，眼里的泪水也会闪闪发光。

5. 恐惧时的面部表情。当我们感到害怕抑或是受到惊吓的时候，眉毛会上扬，并且皱缩在一起。与惊奇的表情相比，眉毛看上去并没有那么弯曲，额头也会出现皱纹，但并不完全是横向分布，而是眉间出现纵向的皱纹。我们的上眼睑会抬起，眼白也会露出来，下眼睑会紧绷起来，嘴会张开，双唇紧紧地向后拉伸。

6. 惊奇时的面部表情。当我们对一件事感到惊奇的时候，眉毛会上翘。额头的皱纹会形成波浪状，横向分布在额头上。两个眼睛睁得很大，露出更多的眼白。

从站姿走姿了解人

陈芳 28 岁了，可是还没有对象，老家和她同龄的女孩都已经当妈妈了，所以陈芳的妈妈特别操心她的事，三天两头张罗着给她介绍对象。这次放假她刚回到老家，妈妈就和她提介绍对象的事。其实她这么大了还没对象，自己心里也挺着急的，所以经妈妈这么一说，她也就同意了。

于是，她在妈妈的安排下开始相亲，日程安排得很紧凑，三天内她总共见了五个男生。

陈芳和这些男生见面的时候聊得并不多，也没什么深入的了解，但她决定与其中一个叫陈灿的男生继续接触，理由是这个男生在站着的时候经常两手叉腰，走路的时候则大踏步前进。

妈妈问她这代表什么？她解释道：自己最近对心理学很感兴趣，书上说双手叉腰站立的人有着很强的自信心，而走路时大踏步的人身体非常健康。而她喜欢自信且善良的男生，所以才愿意与陈灿继续接触。

事实证明，她和陈灿挺聊得来的，在一起的时候也很开心，所以很快就确定了男女朋友关系。

我们在日常生活中离不开行立坐卧，不同的人具有不同的走姿、站姿、坐姿、卧姿。不同的姿势不仅影响着我们的形象，还在一定程度上反映出我们的性格特征。下面，我们就来简单了解一下不同的站姿与走姿所反映的性格特征或心理状态。

一、从站姿了解个人心理或性格特征

1. 背手站立。这样的人大多拥有很强的自信心，喜欢对局势进行把控，希望能控制一切。

2. 遮羞式站立。具体来说，就是一只手有意无意地遮住裆部，通常是男性所采取的动作。将要害部位遮住，这是一个防御性动作。做出这个动作说明他们坐立不安，准备接受反对与批评。

3. 站立时不能静立，不断改变站立姿势。这样的人大多性格急躁，经常处于紧张的状态，而且思想观念不断发生改变，对很多事情都很难坚持到底。他们喜欢接受新挑战，是典型的行动主义者。

4. 站立的时候双脚合并，双手垂放于身旁。这样的人大多比较诚实可靠，循规蹈矩且生性坚毅，不会被任何困难屈服。

5. 脊背挺直、挺起胸部、双目平视站立。这样的人有着充分的自信，给人心情愉快、乐观的印象，属于开放型的人。

6. 站立时习惯将一只手插入裤子口袋，另一只手放在身旁。这样的人往往性格复杂多变，有时候会非常容易与人相处，有时又会变得冷若冰霜。

7. 站立时双手握紧置于胸前。这样的人经常是一副胸有成竹的样子，对自己的所作所为充满成就感。他们信心十足、踌躇满志。

8. 站立时歪歪斜斜，而且总是低头、弯腰。这样的人通常缺乏自信，而且做事时畏缩不前，不敢承担风险与责任。

9. 站立时双脚呈内八字状。这大多是女性的站姿，有软化态度的意味。女性在担心自己显得支配欲与好胜心太强的时候，通常会采取这样的站姿。

10. 喜欢站立时靠着墙或靠着人。这样的人是比较坦白的，而且很容易接纳别人。缺点是缺乏独立性，总喜欢走捷径。

11. 双脚并拢，双手交叉站立。这样的人看起来缺乏进取心，而并拢的双脚则表示其谨小慎微，追求完美。但这样的人通常具有很强的韧性，是平静而顽强的人。

二、从走姿了解个人心理或性格特征

1. 走路的时候速度较快，五指伸得笔直。这样的人通常认真而严肃，而且言出必行，只要是想办成的事情，就一定会努力去完成。在学习与工作中他们遵守规矩，对自己的要求比较高。可是在爱情上，他们却很难给恋人轻松愉快的感觉。

2. 走路速度较慢，上身摇晃，身体稍微前倾。这样的人做事不紧不慢，有时候还喜欢拖延，他们喜欢活在当下，能将生活过得有滋有味。有这样性格的人大多追求安逸与稳定，有时候会给人一种不求上进与懒散的感觉。

3. 走路快，上臂摆动大。这样的人往往做事比较认真，为人大方、豪爽，大多是个急脾气，不喜欢拐弯抹角、拖拖拉拉。

4. 拖着鞋子走路。这样的人鞋跟磨损得较为严重，他们做事缺乏积极性，不喜欢变化。

5. 走路又轻又稳，身体几乎保持不动。这样的人心思通常比较细腻，喜欢思考，对自己的要求比较高，做事喜欢追求完美，有思想家和艺术家的潜质，经常能创造出有价值的精神财富。

6. 走路时踮脚，整个人一颠一颠的，上下浮动很大。这样的人通常比较自信，而且做事有主见，不愿意受他人摆布，有时候甚至会有些小自我。此外，这样的人往往有着比较丰富的精神世界，他们是某个领域的佼佼者。

口头禅识人

最近一段时间，何森对人们的口头禅产生了浓厚的兴趣，她认为口头禅其实

在某种程度上反映了人们的一种情绪或心态。所以，她很注意观察身边人的口头禅，想要从这些口头禅中了解他们真实的内心。

经过一段时间的观察，何淼发现赵渝老师的口头禅是“挺好的”，付晓旭的口头禅是“不要紧，慢慢说”，同事们都觉得他们平易近人。而作为完美主义者的张寅的口头禅是“糟透了”。

前两周公司新来了一个男同事，一番接触后，她发现这个新同事是个愤青，他好像对很多事都非常不满，因为他经常说“什么呀”。她知道说这样口头禅的人通常都性情急躁，而且攻击性也比较强。所以她和这个新同事接触的时候会特别留意，以免给自己带来不必要的麻烦。

在日常生活中，很多人都会有一些经常挂在嘴边的口头禅。其实通过这些习惯用语，我们也可以从侧面了解一个人的性格。下面我们就来简单了解一下口头禅与性格的关系。

1. **“我和你说”“明白没有”**。有这样口头禅的人在与人交往时很容易居高临下，经常幻想着自己做“老大”，会将自己当作人际交往的核心。

2. **“不骗你”“的确”“说真的”“老实说”**。有这样口头禅的人之所以特意强调这些词，是因为担心对方不信任自己。这类人的内心往往并不平静，心情急躁，对别人的看法很在意，也希望别人能够信任自己。

3. **“一定要”“你必须”“你应该”**。有这样口头禅的人通常拥有非常强的自信心，而且往往比较专制，希望别人能够无条件地顺从自己。

4. **“还行”“不错”**。有这样口头禅的人总是将自己摆在从属的地位，尽管自己有主意，可是大多数时候并不喜欢将自己的观点表露出来。

5. **“真没劲”“无聊”“郁闷”**。有这样口头禅的人大多有着非常明显的消极情绪，但千万不要认为他们是消极的人，这些口头禅其实是他们对内心情绪的宣泄。

6. **“不过”“但是”**。有这样口头禅的人通常有些任性，看上去是接受了别人的意见，但总会提出一个“但是”或“不过”作为转折，实际上是在为自己进行辩解。

这也说明他们是温和的，并不会直接拒绝别人，讲话时语气委婉，让人容易接受。

7.“说说看”“你觉得如何”。有这样口头禅的人心思大多比较缜密，在和人交往的时候经常会给人一种深藏不露的感觉，其实他们心里早就拿定了主意。

8.“果然”。有这样口头禅的人通常有着非常强烈的、以自我为中心的倾向。

9.“也许”“可能”。有这样口头禅的人通常比较圆滑，有着很强的自我防卫的本能，不会将心里的想法完全暴露出来，在待人接物的时候沉着、冷静，人际关系还不错。

10.“其实”。有这样口头禅的人大多很倔强，对自己的意见非常坚持，不会轻易被人说服。他们往往有着较为强烈的自我表现欲，他们说这样的话是想要引起他人的注意。

Chapter 5

人际关系升级篇：用情商提升人际影响力

做一个诚信正直的人

有一个商人在渡河时船翻了，掉入河中的商人不会游泳，于是他抓住一根麻秆大声地呼救，有个渔夫听到声音后赶了过来。这时商人对渔夫说："我是济阳最有钱的人，如果你能够救我，我会给你100两黄金。"结果等渔夫将他救上岸之后，商人却没有兑现承诺，只愿意给渔夫10两黄金。

渔夫指责商人不守信，谁知道商人却说："你一个渔夫，整天风里来雨里去，一辈子才能挣几个钱，现在拿了10两黄金还不知足吗？"渔夫听了知道没法和这种人讲理就离开了。

谁知道没过多久，商人坐船时又一次遭遇意外掉到河里了，他还是像上次那样承诺如果谁救他就给谁100两黄金。这个时候，有渔夫想要救他，可那个曾被他骗过的渔夫说："他就是那个说话不算数的人。"大家听了都不愿意去救他，就这样商人因为一次失信而丢了性命。

诚信正直其实包含了三种人生中非常重要的优秀品质，即诚实、守信、正直，这三种品质让我们拥有强大的亲和力，让人无条件地愿意与我们接近，想与我们成为朋友。此外，在生活中，诚信正直的人拥有良好的人际关系，在工作中，诚信正直的人也会受到领导的重用。那么，我们该如何培养诚信正直的品质呢？

1. 言行一致。在日常生活中，我们所说的话与所做的事情应该是一致的，也就是要做到言行合一，还要说到做到，并且要讲实话，不要做违反道德、触碰底线的事。

2. 善良、真诚。在遇到利益冲突的时候，多听取他人的意见和建议，千万不要因小失大。要坚持实事求是的原则，坚决守住诚信。

3. 不要轻易对人做出承诺。我们做不到的事情不要随意答应别人，如果承诺了就一定要用尽全力去做。我们对任何事情都要坦然面对，以心换心，我们对别人守信，别人才会更信赖、理解和支持我们。

4. 不屈从于压力。我们要一心一意、坚持不懈地追求自己的目标，不要屈从于外界的压力。

5. 办事公道，有正义感。我们的所作所为要符合社会道德与良知。

6. 养成一些好习惯。比如，考试的时候不作弊；在任何场所都不逃票，不管有没有人监督。

人人都喜欢乐天派

张明是个乐观的人，有一次小偷“光顾”了他家，偷走了很多东西。一位朋友得知这件事后安慰他，钱财是身外之物，不要太在意。

张明和对方说：“谢谢你的关心，我现在一切平安，还要感谢生活。因为，第一，小偷所偷走的只是一些物品，却没有伤害我的生命。第二，小偷所偷走的只是家里的一部分物品，而不是全部。第三，最值得庆幸的是，做小偷的是他，而不是我。”

可以看出张明是一个乐观的人，他对生活总是充满希望。乐观的精神可以让我们在面对困难与挫折时能够坚持下去，那么，我们该如何做一个乐观的人呢？

1. 向乐观的人学习面对挫折的处理方式。悲观通常是因为遇到不好的事情引起的，这些事情或大或小，而悲观的程度也是深浅不一。这个时候我们可以向那些乐观的人学习，看一看他们在遇到同样或更严重的负面事件时的处理方式。我们会发现这些乐观的人总会告诉自己没有什么过不去的坎儿，我们还得继续前行。

2. 做自己喜欢做的事情。我们每个人都有自己喜欢做的事，如打羽毛球、唱歌，这样做可以让我们从烦恼与不开心中解脱出来，还能锻炼身体。

3. 有意识地远离敏感。悲观的人是非常敏感的，哪怕是别人一个细微的动作、一个无意的眼神，也会让其浮想联翩。所以当我们遇到一个让自己觉得敏感的动作时，我们要有意识地告诉自己：这和我又有什么关系？想那么多干吗？不累吗？

4. 尽量避免独处。如果我们总是一个人待着，久而久之就会变得悲观、内向，而且与朋友、亲人的关系也会逐渐疏远。所以不要逃避生活，尽量多与大家交流、分享，这样我们才会有更多的朋友、更好的人缘，性格也会变得更加乐观。

5. 将心里的事讲出来。心里有事的时候不要憋在心里，要尝试着讲出来或写下来。这样做可以帮我们减轻心理负担。当我们勇敢地说出来时，心情就已经好了一大半。

6. 做高强度的运动。比如，爬山、快跑，这是当今社会很受欢迎的运动，也是很有效的驱散心中阴霾的方式。

7. 有强大的自信。我们要告诉自己不管什么我们都能做好，要认识到通过自己的努力一定能够达成目标。要从心理上肯定自己能行，给自己鼓励，这样一来我们自然就会变得乐观、幸福。

8. 经常微笑。要想乐观，最重要的还是要笑口常开，经常微笑不但能治疗各种心理疾病，还能让我们有个好心情。

9. 学会调控情绪，排除不良情绪。在生活中遇到不好的事情时，要学会换个方式思考，而且要懂得向亲人朋友倾诉，以排解心中的烦闷情绪。此外，要学会自我放松，多参加一些休闲活动与集体活动，把人际关系搞好。

10. 学会遗忘。学会遗忘是人生的必修课。每个人都会有不开心的事情，如果我们总是回忆而不遗忘，情绪必然会受到不良影响，而且我们也会不堪重负。

赞美是最好的开场白

有一位老师要求他的学生对自己的家人说一句恭维的好话，然后将家人听到这句话后的反应在课上分享。第二天，有一位同学见到他时掏出 10 美元兴奋地对他说："老师，我成功了！"

老师问他事情的经过，他说："晚餐的时候我对我的妈妈说：'谢谢您为我准备的晚餐，这是我到现在为止吃过的最好吃的炸鸡！'"

"我妈妈听后居然泪流满面，然后激动地跑出餐厅。回来时她开心地抱着我，并悄悄地在我口袋里放了 10 美元！"

我们需要赞美，赞美可以帮助我们增强自信心、自尊心，可以帮助我们发挥潜能、实现理想。赞美会让他人获得快乐，同时被我们赞美的人的积极反馈也会让我们感到快乐，这样就形成了人际关系的良性循环。可是赞美也是有原则的，如果违反这些原则，赞美就会变味。下面，我们就来简单了解一下赞美他人时应该注意的问题或原则。

1. 赞美的前提是真诚，要做到实事求是。赞美必须是发自内心的，要让对方觉得我们是真心实意赞美他们，只有这样才能深入人心，让人接受。相反，如果我们毫无事实根据、虚情假意地赞美，对方不仅会觉得莫名其妙，还会觉得我们虚伪、油嘴滑舌。

2. 赞美要得体。我们在赞美他人的时候要做到恰如其分，赞美过了头，会有吹捧之嫌；赞美不到位，则会让人觉得乏味。

3. 赞美的内容一定要具体。赞美的内容要具体，绝对不能含混不清，否则很有可能让对方感到窘迫与困惑。赞美得越是具体，说明我们对被赞美的人越了解，也会让对方更加容易接受我们的赞美。

此外，在赞美的时候千万不要使用模棱两可的表述，如"有点意思"。

4. 赞美时一定要搞清楚情况。我们在赞美他人的时候一定要把基本的情况搞清楚，注意不要夸错了人，更不要在一件事情已经出错时还去赞美。

5. 注意赞美的时间性。赞美一定要及时，要在事情发生后马上进行赞美，不要等到时过境迁后再去赞美，那样赞美的效果会大打折扣。此外，不要在我们打算请人帮忙之前去赞扬别人，就算我们是真心真意的，被我们赞美的对象也会怀疑我们的真诚。此外，不要太过频繁地去赞美一个人，这样会降低赞美的效果。

6. 赞美要有新意。比如，对于一个漂亮的女孩，我们不能只是简单地夸她长得美，而是应该夸她有内涵、有气质。而对于一个成功人士，不要只是单纯地夸他事业有成，而是应该多称赞他有品位、气度不凡。

“无往不利”的笑容

从前有个人年轻时白手起家，经过几十年奋斗成了全国闻名的富翁。但他并不快乐，赚的钱越多烦心事也越多，他时刻担心着别人会不会算计自己，就这样他的脸上开始渐渐没有了笑容。

后来，沉重的压力压得他喘不过气来，他居然有了自杀的倾向。在这样的情况下，医生劝他放下工作好好休息一段时间。他在进行了一番思想斗争后决定接受医生的建议，随后他将手头的工作分别交给不同的人去做，然后孤身一人回到了故乡——一个江南小镇。

来到小镇后他发现物是人非，从前的小伙伴都不在了，家里的祖屋也破败不堪，他的心情更加不好。不过他还是出钱修缮了祖屋，然后在那里住了下来。

一天早上，他在小镇上散步的时候，迎面来了一个小女孩。小女孩蹦蹦跳跳的，见到他之后微笑着和他打招呼，然后笑着对他说：“爷爷，我可以走在你后面吗？”

富翁很诧异，低下头问小女孩：“你为什么要走在我后面？”

只听小女孩回答说：“爷爷你又高又大，你走在前边可以为我挡住阳光，我怕晒。”

听小女孩这么说，富翁笑了，他的心被小女孩天真的语言与温暖的笑容融化了。他的心情豁然开朗，觉得自己可以换一种活法，微笑着面对生活。

从那以后，他不再为工作担心，而是热情地帮助别人，他先是找到小女孩的父母，资助小女孩一大笔钱，理由是小女孩的微笑解救了他。从那以后，他开始全心全意帮助别人，而他也因此收获了很多快乐。

微笑是一种善意的表达，是一种接纳，更是一种宽容，它能让人与人快速拉近距离，增加信任。微笑能激励我们，让我们顽强拼搏。此外，微笑还能让我们的人生变得乐观，甚至创造奇迹。微笑的力量是无穷的，那么，我们如何才能经常保持微笑呢？

1. 练习微笑。微笑是可以通过练习或训练得到的，如我们知道空姐会专门练习如何微笑，练习次数多了，形成肌肉记忆后自然就能经常保持微笑。

2. 保持好心情以及良好的心态。平时多做自己喜欢的以及能够让自己获得成就感的事情，这样我们拥有一个好心情，自然就会微笑。此外，平时要有意识地培养自己积极的观念，任何事情都要看到光明的一面，让自己保持良好的心态。还要坚持做减压运动，试着放下心中的负担，每天轻松地面对身边的人。

3. 意念法。这种方法适合已经有了一定的微笑练习基础或平时就善于微笑的人。这种方法并不需要镜子或其他道具，只需要通过意念控制、驱动双唇，以达到最佳的微笑状态。

4. 记忆提取法。具体来说，就是从记忆中将自己之前所经历过的让我们喜悦、愉快的场景唤醒，让这样的情绪重新袭上心头，让自己再次享受惬意的微笑。

5. 情绪诱导法。具体来说，就是想办法寻求外界事物的刺激或诱导，这样做的目的是引起情绪的兴奋与愉悦，从而诱发微笑。比如，我们可以阅读自己喜欢的图书，还可以看看日记和照片，回想一下那些幸福的生活片段，抑或是放一些自己喜欢的音乐，这些都可以让我们因为快乐而微笑。

记住对方的名字

有一个叫吉姆·弗雷的美国人，小时候因为家里条件不好，很早就辍学到一家砖厂去打工，后来又到石膏公司做推销员。不管做什么工作，他都因为能够清楚地记住身边人的名字而受到很多人的喜爱，他的工作业绩也因此而不断攀升。

朋友问他："听说你可以一字不差地叫出一万个朋友的名字，是真的吗？"他回答道："这是不正确的，我能够叫得出名字的人至少也有五万个。"

一个人从出生到去世，名字一直与其联系在一起，这是我们与其他人相区别的重要标志之一，每个人对自己的名字都非常感兴趣。如果有人能够把我们的名字记得很清楚，并且能够很自然地叫出来的话，我们就会觉得受到了尊重，也因此对对方产生好感，对方的形象将在我们心中大放异彩。那么，我们怎样才能牢记对方的名字呢？

1. 重复。如果我们想要清楚地记住对方的名字，可以在对方说出自己的名字后立刻重复念上几次，在交谈的过程中要尽可能地多提对方的名字，以便深深地印在脑海中。此外，如果我们没有听清对方的名字，一定要请对方再说一遍，直到自己听清楚为止。如果对方的名字比较难听清，可以请对方把自己的名字写下来。

当对方说出自己的名字后，我们可以直接重复对方的名字，然后向对方求证自己的发音是否正确。在这样的情况下，就算我们读得不是很准确，对方也愿意耐心地告诉我们正确的发音。此外，我们在与对方谈话时还可以在心中默念对方的名字。

2. 建立某种联想。比如，一个朋友的名字叫严婉庄，我们可以联想为"装碗盐"，这样就容易记住了。此外，还可以努力将名字与其面部特征或外表联系在一起。

3. 经常翻看他人的名片。闲暇的时候把所收到的名片拿出来翻一翻，这样做会让我们在回忆往事的同时，加深对对方的印象，名字自然也就记住了。

4. 充满自信，告诉自己“我能记住”。在见陌生人之前，我们要有充分的自信心，要相信自己一定能够记住对方的名字以及相貌。如果我们缺乏自信，总是抱怨自己记性差，记不住人名，那我们就真的记不住了。

5. 追根溯源法。对方告诉我们名字后，我们可以向其解释说自己喜欢了解姓氏的来源与背景。这个时候你很有可能会惊奇地发现，有大约 50% 的人不仅了解自己姓氏的某些来历，而且对这样的话题很感兴趣。这样一来，我们不仅与对方更加亲近了，还获得了多次重复记忆的机会。

别忘了展现你的亲和力

迈克是一个很有亲和力的领导，公司上上下下几乎所有员工都很喜欢他。迈克为什么会受到大家的欢迎呢？因为他能够发自内心地尊重每一个人，给予他们关心和爱护。

公司的维修工曾讲过这样一件自己亲身经历的事。他的老婆听人说鹈鸟很漂亮，可是从来都没有见过它长什么样子。有一次，她遇到迈克，心想领导见多识广，肯定是见过鹈鸟的，于是就向迈克请教。迈克当时停下手头所有的工作，耐心地向她讲起了鹈鸟。

其实，她只是随便问一下迈克，没想到日理万机的领导竟然如此重视自己所提出的这样一个小问题，这让她真的非常感动。

亲和力是指一个人能够对所在的群体施加的影响力。这种力量源于人对人的尊重与认同，它以善良的情怀以及博爱的心胸作为依托，是一种发自内心的禀赋与素养，它是人与人之间进行沟通以及情感交流的一种能力。

拥有亲和力的人每天都会保持乐观向上的心态，他们对每一个人都不觉得陌生，会将他们看作自己的朋友，这会加深别人对他们的信任。那么，我们该如何培养亲和力呢？

1. 深刻认识自我。一个人只有深刻地认识自我，才能有了解他人的基础。所以深刻地认识自己是具备良好人际亲和力的基础。我们要弄清楚自己在成长过程中所遇到的问题或心理创伤，正确地面对它们，只有这样才能不让其对我们的亲和力造成负面影响。

2. 尊重别人且乐于助人。尊重别人就是尊重自己。这里所说的帮助别人并不一定是物质上的帮助，简单的问候或举手之劳，也能够让人感动。如果我们能够帮助那些曾经伤害过我们的人，不但能“化敌为友”，还能显示出自己博大的胸怀，为自己营造出更加宽松的人际环境。

3. 有感恩之心。在生活中，我们要时常心存感激，感激那些帮助过我们的人，如同事、朋友、家人，甚至陌生人。因为他们的帮助与付出，我们才能活得如此开心。

4. 加强人际包容能力与对他人的理解能力。每个人都有属于自己的特定成长环境，因此每个人都会有属于自己的独特观点与看法。这些观点与看法会影响我们对他人的评价，让我们没有办法深入了解他人的内心感受。所以，我们在与人交往时应该不断地放下自己固有的观念与想法，耐心倾听来自他人内心深处的声音，这样我们就会看到一个与自己不同的、全新的内心世界。

5. 要防止烦躁情绪的干扰与破坏。当我们烦躁、焦虑时，虽然懂得与人交往时应该亲切温和，可此时的心理状况却不允许我们这么做，我们会不由自主地因为一点点小事发脾气。这样会在无形之中给自己的人际关系增添许多麻烦，我们的亲和力就会下降。所以要注意劳逸结合，不要让自己承受太大的压力，有了好心情，才能有良好的亲和力。

那么，我们在日常生活中又该如何展现自己的亲和力呢？

1. 要保持微笑。时刻保持微笑，不要总是沉浸在自己的世界中，总觉得自己所遇到的事情是天大的事情，故而经常闷闷不乐、郁郁寡欢。这样的人是不讨人喜欢的。

2. 聊天时要谦虚低调，耐心倾听。在聊天的时候千万不要抢别人的话，要多听少说，每个人都有值得我们学习的优点。此外，在对方讲完之后要给予适当的回应，这样才不会让倾诉者感到尴尬。总之，要少体现自己的存在感，多在乎别人的感受。

3. 主动问候。主动问候别人是一种礼貌，更是一种修养，这样做会让对方对我们增加好感，愿意与我们亲近。

4. 注意自己的形象。不管是内在形象还是外在形象，我们都应特别注意，如我们要改掉一些不好的习惯，要穿着大方得体等。

5. 恰当地拿捏分寸。当人们想要表达亲切感的时候，可能会在说话时变化语调或提高音量，以此来营造欢快的气氛。如果这些方法使用得当，会产生良好的效果。可如果我们周围的人并没有什么特别值得高兴的事情，我们这样做就会给人一种矫揉造作、曲意逢迎的印象。

通过声音更好地展现亲和力的方法是：讲话时保持低音与微弱的音量，就像我们安慰朋友时所使用的声音那样。此外，我们所使用的音调应该努力让人觉得坦诚，没有任何伪装与情绪渲染。

不要跳进“先入为主”的坑

这天，赵鹏要到一家心仪的公司参加面试，所以他非常重视。公司和他约的时间是上午 10:00，因为他住得有点远，所以早上 8:30 就出门了，谁知道路上竟然堵车了，他坐的公交车开得还没别人步行快，结果直到 9:40 他才下车。

此时的他衬衫已经汗湿了一部分，可是他已经顾不上了。他下了车就开始跑起来，因为昨天刚下过雨，搞得他身上都是泥水。可是眼看着面试的时间就要到了，他也没时间换了，只好硬着头皮去参加面试。结果面试官面试他的时候看到他那个样子，印象马上就不好了，没问他几个问题就让他回去等消息了，最终他

也没能等来这家公司的录取通知。

首因效应具体指的是个体在社会认知的过程中，通过第一印象最先输入大脑的信息对以后的认知所产生的影响，也就是先入为主所带来的影响。虽然第一印象并不总是正确的，可它是最牢固、最鲜明的，而且影响着以后双方交往的进程。

因此，我们如果能在求职、招聘、交友等社交活动中很好地利用首因效应，给对方留下良好的第一印象，就能为以后的交流打下良好的基础。但是首因效应带给我们的影响不只是积极的，还有消极的一面。

比如，我们很容易以貌取人，只看到优点，而看不到缺点；因为对方的一两句豪言壮语或漂亮话而觉得对方不错，从而做出错误的判断等。

需要注意的是，首因效应的影响是非常大的，如《三国演义》中提到一开始凤雏庞统想帮孙权建功立业，可是孙权看到庞统长得不好看，心里看不上他，然后又看到庞统那样傲慢，就更加不高兴，于是找个理由打发了他。即使鲁肃苦苦相劝，他还是不能回心转意。

就连以知人善任而闻名的孙权都无法避免首因效应的负面影响，可见首因效应的影响有多么强大。那么，我们该如何克服首因效应的负面影响，不让自己掉入先入为主的陷阱呢？

避免先入为主，需要我们自身努力探索，在认识客观世界的同时也要对主观世界进行改造。只有这样，我们才能具备相对独立的观点、方法与立场。

在进行探索的过程中，不要害怕别人对自己的嘲笑与讽刺，那大多是出于偏见与误解。当所有人都和我们的看法不一样的时候，一定要坚持自己的看法，只有经过实践的验证才能弄清楚究竟谁是对的，不要过早地放弃自己的观点而迁就他人的想法。

我们应该有意识地去独立体验、感受事物。当别人对某件事、某个人发表看法时，不要轻易发表意见，也不要顺从他人的态度，拒绝盲目做出判断。我们应该认真调查这件事，亲身接触这个人，这样才能在不受他人影响的情况下做出自己的判断，然后将自己的认识与别人的看法进行比较，从而发现彼此之间究竟是价值观不同，还是看问题的角度不同。

此外，当我们初次遇到一个人的时候，千万不要凭着自己单纯的想法或浅显的印象而妄下结论，更不要因为对方所表现出的细节而影响自己的判断。

消除面对陌生人时的恐惧感

昨天中午发生了一件让陈慧非常不舒服的事，原来昨天中午她在员工餐厅吃饭的时候，突然来了一男一女两个同事坐在了她的对面，虽然这个行为很正常，但是因为自己从来没有见过他们，所以还是觉得有些不舒服。但是她并没有表示异议，而是一声不吭地低头吃饭，只希望赶紧吃完，早点离开这里。

可事情的发展完全超出了她的预料，那两个同事坐下来没多久就开始主动和她讲话，她一下子就慌了，变得非常紧张，那两个同事说了什么她一句也没听进去。当她稳定下来，清醒地意识到同事在与自己讲话时，马上站起来逃回了办公室，而那两个同事被搞得莫名其妙。

陈慧之所以会在陌生人面前那么紧张恐惧，完全是因为她的一次杭州之行。

那是大三暑假的时候，她在网上找实习的单位，结果一家杭州的外贸公司愿意给她实习的机会。她很高兴，就和家里人商量，当时爸妈觉得有亲戚在杭州，她到了那边也有人照顾，就同意她去杭州锻炼一下。

于是，她坐上了开往杭州的火车。在火车上，旁边的几个男生一直不停地找她聊天，问她叫什么，多大了，去杭州做什么，有没有男朋友，能不能留个电话号码或加个微信。

陈慧觉得这几个人不像好人，就没搭理他们，可这几个男生还是继续不停地说，如下了火车请她吃饭，免费给她当导游等。陈慧烦得不行，直接怼了他们几句，几个男生才消停了。

从此以后，她就非常排斥与陌生人交流，和陌生人交流时她会紧张害怕，有的时候甚至会失控。

现实生活中，我们总是会在不同的场合、圈子与陌生人见面，有一些人在面对陌生人时会觉得不舒服、拘谨，甚至恐惧。那么，我们该如何消除与陌生人相处时的陌生感与恐惧感呢?

1. 仪表与着装要端庄大方。给对方留下良好的第一印象，脸上保持微笑，这是双方进行顺畅交流的前提。

2. 根据对方的特点寻找合适的话题切入。比如，天气与气候、饮食习惯、老家、旅游景点、家庭、兴趣爱好等，同时在聊天的过程中注意察言观色。

3. 可以做一些消除陌生感的游戏。比如，击鼓传花、接歌、抽纸牌比大小等。这样的游戏可以让陌生人之间迅速消除陌生感，还能活跃气氛。

4. 在与陌生人进行交流之前，可以先做一下深呼吸。这样做可以缓和心跳的速度，让自己平静下来，内心的焦虑也会减少。

5. 在和陌生人谈话前应该先把自己想要说的话组织好。要做到胸有成竹，还可以想象自己与他人成功交流的画面。

6. 如果自己很少和陌生人交流，可以先从向陌生人问路开始锻炼。比如，到了十字路口如果不认识路，可以向附近的人打听路怎么走，这样可以慢慢地磨炼自己的胆量。有了这些练习做基础之后，再与陌生人交流，恐惧感就不会那么强了。

获得对方的认同

周鹏前段时间经同事介绍认识了一个女生，一番接触后他发现这个女生好像很崇拜自己，因为她对自己的一切似乎都是认同的，她总是说自己英俊、能干、聪明、风趣，这让周鹏心里非常舒服，因为从来没有人如此肯定、认同过自己，就连爸妈都没有这样。身边的人貌似对自己都或多或少有些不满意，他们总是会指出自己身上有着这样或那样的缺点与问题。

虽然周鹏也很清楚身边的人这样做其实是为自己好，想让自己变得更好、更优秀，但是每次听到批评时心里总是会有些不舒服，变得垂头丧气。因此，出现这么一个对自己高度认同的人，他别提多高兴、多有成就感了，况且这个女生各方面都还不错，于是他们很快确定了男女朋友关系。

随后他带着女朋友见了爸妈，谁知道妈妈对他的女朋友并不满意，他和妈妈还因为这件事吵了两次。这天他和妈妈决定坐下来心平气和地聊聊这个问题。

一开始妈妈就问："她为什么会喜欢你？"

周鹏很干脆地回答说："她觉得我风趣、聪明、能干、英俊。"

妈妈听了又问："那你又为什么喜欢她呢？"

周鹏回答说："就是因为她认为我风趣、聪明、能干、英俊，所以我才喜欢她。"

其实，我们每个人都喜欢得到他人的认同与肯定，他人的认同与肯定会让我们获得巨大的信心，让我们觉得自己是被信任的，这样我们才更有信心去做事，同时也更容易获得成功。那么，如何才能获得他人的认同呢？

1. 不要与身边的人争辩，因为在辩论中是没有真正的赢家的。要想在辩论中赢得最大的收益，那就要避免争辩，千万不要只顾逞一时口舌之快而得罪人，因为这样的得罪其实是没有意义的。

2. 交谈中，在不违反原则的情况下要多对对方的观点表示认同。尊重别人的意见，凡事都要以友善的方式处理。

3. 要遵守诺言、兑现承诺。答应别人的事一定要做到，还要有亲和力，要让对方愿意与我们交流。要真诚待人，这样才能获得他人的信任与认同。

4. 对身边的人要多一点理解与包容。凡事要多站在他们的角度考虑。

5. 在别人需要帮助或支持的时候提供力所能及的帮助。要多做让他人信服的事情。

6. 不要将自己的意见强加于人。要耐心启发对方，让其发自内心地接受我们的观点，还要多给别人说话的机会。

7. 不要将同事当作陌生人，要以融入集体的心态去对待他人。应该多参加集体活动，让同事能尽快地了解自己、接受自己，这样他们才可能进一步地认同我们。

8. 不要总是觉得自己有多了不起。要清楚地看到自己的不足和差距，只有这样才能保持谦虚的心态，才更容易获得他人的认同，没有人会喜欢看不起别人的人。此外，不要刚愎自用，固执己见，要能够虚心地接受他人的批评与建议。

9. 做事要光明磊落、问心无愧。不要在背后说别人的坏话，背后嚼舌根是做人的大忌。

10. 做出了成绩不要都当成是自己的。要懂得与大家分享成果，也就是说，要将成绩的取得归功于大家的努力。因为我们所取得的成绩背后，很有可能包含着他人的无私奉献与默默付出。将成绩归功于大家，会让我们赢得大家的好感与认同。

11. 不要将自己的心思都放在投机取巧上。脚踏实地做好自己的事才是正道，而且踏实肯干的人也更加吸引人，更容易得到他人的认同。

善于发现别人的优点

骆驼和羊是好朋友，它们想一起去公园玩。可是还没进入公园，它们却先掐了起来，原本聊得好好的它们在聊到“高好还是矮好”这个问题时，谁也说服不了谁。

这时，只听骆驼大声说道：“当然是高了好，你看那么高的树叶我都能够得着。”说完抬头够到了高处的树叶。可是羊伸长了脖子，还是吃不到一片树叶。

看着骆驼趾高气扬的样子，羊很生气，下决心要扳回这一局。它向周围看了看，发现公园门口有个栅栏，于是走过去，然后一弓身子就进了公园，低下头吃青草。它一边吃一边得意地对骆驼说：“你看，还是矮好吧，这里的草又嫩又好吃。”

这时骆驼伏下身子，也想从栅栏下进去，可不管它怎么努力都挤不进去，羊就在一边嘲笑它。

可它们还是谁都不服谁，于是找到它们共同的朋友老牛来评理。老牛说："高有高的好处，矮也有矮的好处，我们不能只看到自己的长处，却看不到别人的优点。"

在生活中，我们总是会犯和骆驼与羊一样的错误，即只能看到别人的缺点，发现不了自己的缺点；只能看到自己的优点，却发现不了别人的优点。这样的毛病会让我们无法接纳别人，也没办法获得成长。

那我们应该怎么做呢？我们要做的就是敞开心扉，善于发现别人身上的优点，认真向他们学习，就像孔子那样从身边的人中找出自己的老师。

有人会说，我的朋友实在没什么优点啊，其实这样的想法是不对的。这个世界上并没有完全相同的两个人，每个人身上都有优点和缺点。此外，善于发现别人身上的优点与长处是对人友善、宽厚的标志，是善待他人的开始。如果我们能发现别人的优点并认真向其学习，我们的优点就会越来越多，与他人之间的差距也会越来越小，最终我们会变得更强大。

相反，当一个人骄傲自大，发现不了别人身上的优点时，就会无法进步。

此外，如果我们只能看到别人身上的缺点，就容易与他人发生口角，变得越来越挑剔，从而让自己在不知不觉中慢慢被孤立。在生活中，我们也不要刻意寻找他人身上的缺点和不足，否则只会让我们失去更美好的事物。

对他人表示尊重

张铭前些天去一家五星级酒店面试，他应聘的是总经理助理的职位。经过几轮筛选，最后只剩下他和一个姑娘。两个人闲聊时发现两人竟然在同一所学校上学，只是院系不同，而张铭比那个姑娘高两届，所以姑娘亲切地叫他师兄。

等到最后决定人选的那天，酒店通知他们两人一起去总经理的办公室，结果路上遇到一位正在打扫卫生的保洁阿姨。保洁阿姨在提着水桶转身的时候，不小心撞到了那位姑娘，桶里的水溅到了两人身上，衣服鞋子上都有水渍。

还没等张铭说话，姑娘就生气地对保洁阿姨说："你到底有没有长眼睛，明知道后边有人走过来，你还提着水桶向后转，你是不是故意的？现在你把我弄成这个样子，让我怎么去面试？再说我的衣服和鞋子都很贵的，就你那点工资赔得起吗？"

说完没等保洁阿姨回话，她就转头对张铭说："你在这里等我一下，我去卫生间收拾一下，等会儿一起去，要不然你一个人去也不好。"说完没等张铭回答，就往卫生间去了。

其实张铭看姑娘这样说话做事，对她一丝好感都没有了。她离开后，张铭安慰保洁阿姨说："阿姨，您不用担心，只是溅了一点水，不会有什么影响的，您别太自责。"

说完更是卷一卷袖子，帮保洁阿姨把地上的水擦干净了。

当他和姑娘一起来到总经理办公室时，总经理伸出手对张铭说："恭喜你，你被录取了。"事后张铭才知道，原来所谓的最后一次面试正是保洁阿姨的考验。总经理说："我们是做服务行业的，对我们来说心里有别人，懂得尊重别人才是最重要的。"

日常生活中，什么样的人更让人喜欢呢？答案是尊重别人的人。尊重别人其实就是尊重自己，懂得尊重别人也是一个人教养的最大体现。真正的尊重是平等待人，不卑不亢，层次越高的人越能理解、尊重别人。尊重别人的人懂得顾及别人的感受，懂得站在对方的角度思考问题，也正因如此，他们才会赢得别人的支持与信任。那么，我们该如何对别人表示尊重呢？

1. 认真倾听别人讲话。当别人讲话时要直视他们的眼睛，不要让目光在别的地方游移，否则会让对方认为我们没有在听他们讲话。此外，当他人讲话的时候，最好将手机关掉或调至静音状态。如果我们在听别人讲话时走神了，一定要请对方重复一下他们刚刚说了些什么，这样一来我们就可以回到对话中了。

2. 不要占用别人的时间。现代社会人们都很缺少时间，所以没有必要的话，不要打扰或麻烦别人。

3. 注意自己的用词。成年人在讲话时要特别注意自己的用词，如果使用不当，会非常不尊重人。所以在与别人讲话前要仔细了解一下讲话的对象，看看自己该说怎样的话。比如，不要称呼一个 18 岁以上的姑娘“小妞”，这是非常不礼貌的行为。

4. 不要挖苦别人，揭露别人的隐私。别人的失误与过错、曾经的失败等一系列东西都属于对方不想提及的隐私。如果我们了解这些情况，最好一个字也不要提，千万不要通过这些事情去挖苦别人，让对方难堪，这样做会触碰对方的底线。

5. 不要轻易对他人进行评论。比如，周围的人穿什么样的衣服，留什么样的发型，这些问题都是个人的喜好，我们没有权利去干涉和评论。此外，还要尊重别人的生活方式，不管我们对他人的生活方式有多么不认同，都不要妄加评论，更不能指责。

6. 尊重别人的喜好与个性。人的喜好是多样化的，大家的爱好很有可能存在巨大的差异，我们不能强迫他人接受自己的喜好，也不能因为不理解对方的喜好而说怪话，甚至到处说他人的坏话。此外，每个人都有自己独特的个性，我们不可能找到与自己个性完全一样的人。我们不能因为对方与自己的个性不同就不尊重对方。

7. 不要让自己的行为影响他人。当我们在公共场合时一定要特别注意自己的言行，规范自己的行为，不要对他人造成影响。

8. 与人交往时要有礼貌。与人交往时，要根据彼此之间的关系采取相应的礼貌行为，比如，在和比自己年长的人交流时要用敬语。

9. 表达感激之情。要对每一个帮助过自己的人表达感激之情，就算没有正式表达感激的场合，也可以给那些帮助过我们的人写信、发短信、打电话，通过各种方式表示感谢。

克服猜疑心理

为了躲避董卓的通缉，曹操逃亡在外，他与陈宫离开中牟来到成皋时天色已晚，两个人又饿又累。这时曹操想起父亲的好友吕伯奢就住在附近，便与陈宫商量到吕家借宿一晚。他们到了吕家说明来意，吕伯奢热情地接待了他们，因为家里没有好酒而亲自外出打酒。

他离开后，曹操和陈宫听到房子后边有磨刀的声音，这时候曹操疑心大起，他对陈宫说："吕伯奢不是我的至亲，我总是有点担心，他现在又单独离开，我总是觉得很刻意，咱们还是多留个心眼。"说完就去偷听吕家人讲话。

他们两个人蹑手蹑脚地走到草堂后，只听到有人说："绑住杀了，怎么样？"曹操一听以为是要杀自己，就说："事情太危险了，现在如果不先一步下手反击，一定会被他们擒获。"

于是，他们两个人拿着剑出去，一口气杀了好几个人。到了厨房，他们发现有一头猪被绑在那里，这时候他们才明白误杀了好人。

可是事已至此已无法挽回，于是他们马上骑马离开了吕家，结果走出不到两里地，就遇到带着酒菜回来的吕伯奢。吕伯奢看到他们有点惊讶，就问："贤侄和使君这是要往哪里去？"曹操回答说："犯了罪的人不方便久住，所以想要早点离开。"

吕伯奢说："我已经吩咐家人杀猪款待你们，现在酒菜也买来了，你们住一晚也没事，还是快回去吧。"这时候曹操根本不搭理他，骑马就走。走出去没多远，他拿着剑回来，对吕伯奢说："你看这来的什么人？"曹操等到吕伯奢回头看时，一剑将其杀死。

这时候陈宫大惊，问："已经错杀了好人，你为什么还要一错再错？"曹操回答说："吕伯奢回到家看到家人都死了，一定不会善罢甘休，如果他带人来追赶，咱们必然会有灾祸。"陈宫说："明知道错了还去做，是大不义。"曹操却说："宁可让我对不起天下人，也不要让天下人对不起我。"陈宫听了无言以对。

曹操有着非常明显的猜疑心理，这是一种非常不健康的心理，主要表现为有严重的自我牵连倾向。具体来说，就是对人不信任，总是觉得什么事情都和自己有关，对他人的言行过分地多疑、敏感。

猜疑就像是一条肉眼看不见的绳索，会将我们的智慧捆绑，让我们远离身边的朋友。如果猜疑心过重，就会因为根本没有或不会发生的事情烦恼、忧愁。经常猜疑的人往往嫉妒心重，比较狭隘，没有办法友好地与人交流，这样一来就会变得寂寞孤独，对身心健康造成危害。那么，我们该如何克服猜疑心呢？

1. 理性思考。当我们察觉自己萌生怀疑的念头时，千万不要冲动地去做什么，正确的做法是马上寻找产生念头的原因，在还没有形成循环思维之前，要积极思考正反两个方面的信息，而不要草率地为自己的怀疑提出一些主观的、片面的依据。

此外，在出现怀疑迹象的时候，一定要对自己混乱的思想进行控制，提醒自己不要想太多，要告诉自己别人没有那么坏，对怀疑的对象要一分为二地看待。如果我们发现自己的怀疑没有一点客观证据，就要立即停止怀疑。

2. 敞开心扉，增加心灵的透明度。猜疑通常是心灵封闭者人为设置的一道心理屏障，因此只要愿意敞开心扉，将内心深处的怀疑公之于众，抑或是面对面地与被猜疑的人推心置腹地交谈，让藏在内心深处的疑虑曝光，就能化解无端的猜疑。这样做能让彼此之间增加信任、消除误会。

3. 对猜疑对象的表现进行综合分析。当我们开始猜疑某个人的时候，最好能先对其平时的为人、经历进行综合分析，这样可以及时将错误的猜疑扼杀在萌芽状态。

4. 无视流言的传播。猜疑之火通常会在一些搬弄是非的人的煽动下越烧越旺，所以当我们听到这些人所传播的流言时要冷静，谨防上当受骗，必要时还要当面予以揭露。

5. 树立自信。每个人都应该看到自己的长处和优点，要相信自己能够与周围的人处理好人际关系，能够给别人留下好印象。这样一来，当我们能够充满信心地工作与生活时，就不用担心自己的表现，也不会随便怀疑别人了。

6. 学会自我安慰。我们在生活中难免会遭到别人的非议，这没有什么可大惊小怪的，我们不必太过计较。我们完全可以糊涂一些，这样做不但不会失去什么，同时还能避免招来烦恼。

7. 保持健康的心理状态。我们对别人的好意与正常言行不要歪曲，要正确对待别人对自己的态度与评价。克服主观臆断，不要戴有色眼镜看人，不要毫无根据地怀疑别人。

学会与难以相处的人相处

赵丽上个月刚换了一份工作，可是工作没两天她就发现部门主管王晓玉是一个很难相处的人。她因为刚来公司，在工作上有很多不熟悉的地方，自然会向作为主管的王晓玉请教。可是王晓玉一点都没有一个主管该有的样子，一问她问题，她就会非常不耐烦地让赵丽自己去琢磨，还说如果每个新员工都来问她，那她岂不是要忙死。可实际上她一点也不忙，每天都有很多时间逛淘宝，可是赵丽并不在意，因为她觉得可能是主管这段时间心情不好才会这样。所以赵丽遇到什么不懂的问题基本上都是自己琢磨，实在不会就向别的同事请教。

结果没过两天，她又发现主管是在故意针对自己，不但每天都给她安排很多工作，让她从早忙到晚，而且总是毫无道理地指责她这做得不好、那做得不好，最让人受不了的是王晓玉还在背后诋毁赵丽，这可就触及赵丽的底线了。于是，她想找个机会和主管好好谈一谈，看看自己是不是哪里得罪她了，可是对方根本就不给她机会。在多次主动沟通无果后，赵丽公开地在别的同事面前问王晓玉为什么一直针对自己，还在背后说自己坏话，随后拿出了切实的证据，这一番话让主管哑口无言，从此以后再也不敢针对赵丽了。

在日常生活中，我们总会遇到一些很难相处的人，那我们该如何与这些难搞的人相处呢？该如何处理棘手的人际关系呢？

1. 不要主动挑起矛盾。如果有些问题或事情并不涉及原则，那么能让一步就让一步，不要让自己和对方都下不来台。

2. 避开禁区或是雷区。那些难搞的人通常都有一些他人不能触碰的禁区或雷区，一旦触碰这些禁区或雷区，他们就会愤怒。所以在与这些人相处时要特别注意避开那些禁区或雷区。

3. 有包容的心。要能够包容难搞的人，不要因为身边人的一些看法和说法就去孤立他们。如果我们对他们有包容的心，就像对待亲人一样，能够容忍一些无伤大雅的问题，总有一天会被他们接受的。

4. 不要试图去改变他们。我们很难去改变一个人的个性，所以当我们遇到很难相处的人的时候，要做的就是接受他的个性，不要想着去改变他。

5. 要直面对方的不良行为。具体来说，就是将所有的事情都摆在桌面上，把自己的底线讲清楚，详细说明自己想要看到的结果。

正确看待给予的价值

这天晚上天很黑，没有星星也没有月亮，李莹莹着急地赶路。她为了赶时间，就抄近路进入一条偏僻的小巷。黑乎乎的小巷让她心里直打鼓，很后悔选了这条路，可是都已经进来了，只好硬着头皮走下去。

走着走着她发现前边有亮光，好像是一个灯笼。她马上快步走上前去，这才看清是一个人提着灯笼。那个人的另一只手拿着一根竹竿，慢慢地向前摸索，这时候李莹莹才知道对方是个盲人。

她很不解，忍不住问对方："您既然看不见，为什么还要提着灯笼呢？"

这时盲人回答道："你问的这个问题很多人都问过，其实道理很简单，我提着灯笼并不是为了给自己照路，而是为了照亮自己，这样别人就很容易看到我，不会撞到我了。而且多年来我的灯笼为很多人照亮了道路，大家为了感谢我，也都热情地帮助我，不仅让我免于遭受很多危险，还让我觉得很温暖，对生活充满了信心。所以说，我在帮助别人的同时也帮助了自己。”

帮助别人是一种给予，也是一种奉献与付出，我们在帮助别人的同时其实也是在帮助自己。从小处来说，我们给予了别人帮助，也就是给了自己一个机会，在我们需要帮助的时候也能得到他人的帮助，这就是所谓帮助他人的回报。从大处来说，给予别人帮助可以实现我们人生的价值，也就是说，能为人提供帮助说明我们的人生是有意义、有价值的。

除此之外，给予对健康的好处其实超乎我们的想象。下面我们就来了解一下：

第一，提高免疫力。经常热情地给予他人帮助的人拥有良好的人际关系，而科学研究发现人际关系好的人患心脏病、高血压等疾病的概率会降低很多，同时免疫功能也会更加强大。

第二，降低自杀和抑郁的风险。给予可以帮助人们排除嫉妒、憎恨、愤怒等负面情绪，会让人觉得幸福，从而降低自杀和抑郁的风险。

第三，延长寿命。科学研究发现，那些积极参与志愿者活动的人更长寿。美国心理学家布朗花费五年的时间对423对夫妇进行追踪后发现，排除心理、性别和健康等因素后，那些不互相支持的老年夫妇在五年内死亡的概率高出那些互相支持的老年夫妇两倍。

第四，提升自信，增强幸福感。在一项针对多发性硬化症患者的研究中，研究人员让他们给67名患有其他疾病的人每天打一个电话，每次15分钟，让他们用三年的时间为对方提供精神上的支持。结果发现，在获得人生满意度方面，助人者是受助者的七倍，而帮助别人也更有益于其所患疾病的治疗。此外，在为他人提供帮助的同时，自信、耐心等对健康有益的情绪也会得到提升。

那么，我们怎样做才能更好地给予呢？

1. 培养耐心。当我们和别人意见不合的时候，当我们对最亲近的人表现出不耐烦的时候，耐心地听他们把话讲完，这也是一种给予。

2. 待人以宽容。宽容代表了思想的成熟，宽容的人懂得给别人机会，而且凡事不苛求，所以宽容也是一种无形的给予。

3. 不要吝啬微笑。我们在对别人微笑的时候也会收获一张笑脸，这种微笑可能会温暖受伤的心灵，拉近我们与朋友、同事间的距离，同时让我们充满信心和勇气。

4. 忠诚。对人忠诚可以说是一种更高级别的给予，尤其是在婚姻中。要想做到这一点，需要夫妻双方足够理解与支持。

5. 多拥抱。拥抱让我们在给别人温暖的同时，自己也能得到温暖以及其他的收获，如多拥抱可以减少压力、降血压、减少恐惧等。

增强变通能力

一个郑国人想要买一双新鞋，他事先在家用尺子量好了脚的尺码，然后将量好的尺码放在了家里的桌子上，之后，他离开家去了集市，却忘了带上量好的尺码。

等到他选好了中意的鞋子，才发现自己忘了带尺码，于是他又跑回家里去拿尺码，等到他再次返回集市的时候，发现集市已经散了。就这样，最终他没能买到鞋子。

有人问他："你为什么不干脆用自己的脚去试试鞋子是否合适呢？"

结果他回答说："我宁愿相信已经量好的尺码，也不相信自己的脚。"

看了这个故事，大家都会觉得这个郑国人很可笑，做事一根筋，一点都不知道变通。所谓变通，就是不断适应变化而让成功的道路更通畅。所以我们在日常生活中应该像水一样根据客观情况的变化而变化，该聪明的时候聪明，该糊涂的时候糊涂，该行动的时候行动，该停止的时候停止。这样就算是遇到再大的困难，也能够轻松解决。因此，学会变通对我们的人生有着重要的意义。那么，我们该如何提高自己的变通能力呢？

1. 善于改变自己的思维定式。我们的思维方式通常会出现两大定式：一是直线型思维，简单来说，就是不会拐弯，不会发散思维和逆向思维；二是复制型思维，简单来说，就是总以过去的经验为参照，对新鲜事物不容易接受。

这两种思维定式有个共同点就是拒绝变化，这样的思维很难跟上时代的发展。因此我们不应该拒绝变化，而是要善于调整自己的思维习惯，对固有的观念进行改变，只有这样我们才能走出困境，开辟新天地。

2. 有应对变化的勇气。勇气最重要的作用之一是将自己所有的潜力都调动起来去迎接挑战和变化。所以，我们要想学会变通就需要先鼓足勇气。勇气虽然不能帮助我们具体地处理某个问题，但是能够唤醒我们的潜能，帮助我们应对一切变化和困难。

3. 充满信心地开发自己的潜能。如果我们是充满信心的人，那么就有能力克服困难并获得成功。我们所拥有的一切能力都会为我们的信心服务，我们也就很有可能变成自己想要成为的样子。相反，如果我们缺乏信心，总觉得自己没有能力去做好，那么我们就会成为缺乏能力的人。

4. 学会审时度势、打破常规。怎么审时度势呢？一是学会换位思考，多为别人考虑，多站在别人的角度思考问题。二是打破常规，简单来说就是不按套路出牌，打破既定的规则。三是要有良好的心态，这种心态可以概括为静与空。其中静就是宁静与冷静，这是一种心平气和的状态；而空就是无私无欲所达到的内心的澄静空明。心平气和能够帮助我们看清事物的本来面目，从而一顺百顺。

5. 善于找到问题的根源。万事皆有本源，将问题的源头找到有利于我们发现需要解开的症结。比如，宝洁（中国）公司的销售额有一段时间下降得厉害，可是销售人员找不出原因。经过调查发现消费者嫌其广告所销售的洗衣粉用量太多，因为其在电视台播放的广告中加洗衣粉的时间是3秒，而别的品牌的洗衣粉是1.5秒。于是宝洁公司迅速对广告进行了调整，减少了洗衣粉的添加时间，最后销量又上去了。

6. 善于借助外力。当今社会，依靠单打独斗很难取得成功，而且很多事只有借助外力才能做到最好。所以当我们发现自己没办法顺利地完成一件事的时候，一定要懂得借助外力。

7. 让自己每个阶段都有成长和进步。我们应该经常拿曾经的自己与现在的自己作比较，看看现在的自己有没有成长和进步。如果我们发现自己并没有成长，那就说明我们做得不够好，我们并没有做出改变，所以我们要想办法解决这个问题。

8. 多做一些提高快速联想能力的练习。多做快速联想练习可以让我们的思维变得更加流畅、更有灵活性，如我们联想与某个物品相关的东西并把这些东西写下来，想到什么就写什么，限时一分钟。

正确对待别人的隐私

上个月陶香香的公司来了一个新同事叫白景涛，刚开始大家都觉得这个新同事挺和善的，见人都会微笑着打招呼，所以很多同事都愿意和他亲近。可是等大家都熟了之后，却开始不喜欢他了，因为大家发现他是个自来熟，最让人受不了的是没聊几句他就喜欢刨根问底地探究人家的隐私。

比如，有个女同事年纪不小了还是单身，所以亲戚朋友经常给她安排相亲。既然是相亲当然会稍微打扮一下，可每当这个时候白景涛就会问人家你是不是又要去相亲，这次是个什么人，多大了，做什么工作之类的问题，根本不顾及女同事的感受。再如，如果单位有哪个同事被领导器重，他就会旁敲侧击地打听，想要看看人家是不是有什么背景。

他这样让人很不舒服，大家都不想理他，但又不想让他太下不来台，所以都只是淡淡地敷衍着他，因此他不知道很多同事都讨厌他。

直到有一次，他们部门的一个同事要请一个月假。请这么长时间的假，这位同事觉得给大家添麻烦了，所以就一脸愧疚地向大家道歉。别的同事都没多说什么，只有白景涛像吃了兴奋剂一样，追着那个同事问："你一次请这么长时间的假是要干什么啊？"同事说家里有点事。结果他又问："出了什么事要请这么久？"同事沉默着没说话。

看到这种情况，旁边了解情况的同事就过来拉他，示意他不要再问了，可他还是不肯罢休。这时，要请假的同事突然大声地对他说："你问这么多不烦吗？我家里有什么事关你屁事啊！"然后甩头就走了。

这个时候，那位了解情况的同事说请假同事的父亲因为心脏病去世了，他要回家去处理父亲的后事。听到这个消息，白景涛终于闭上了嘴，可是从此以后再也没有同事愿意理他了。

我们每个人心里都有一些不愿意与他人分享的秘密，这些秘密或许是伤感的，或许是开心的，我们只愿意自己私藏在心底，对我们来说这就是隐私。可是生活中总有那么一些像白景涛那样的人不懂得这个道理，他们总是冒冒失失地想要闯进别人的心里，探究他人不愿意提及的隐私，让人非常厌烦。那么，我们在与人交往时该如何正确对待别人的隐私呢？

1. 聊天时要谈适当的话题。我们与对方是什么样的关系就该谈什么样的话题，不要谈超出彼此关系的话题。此外，对方愿意讲给我们听的自然会讲，不愿意讲的我们就是问了对方也不会讲，所以我们千万不要问别人不想说的事，不要蓄意打听或刺探别人的秘密，这是很没礼貌的，而且对别人也是一种伤害。因为人们不愿意提及的大多是心中最隐晦的痛苦，如果我们非要追问无异于在伤口上撒盐。

此外，在日常交往中要做到以下几点：不要问对方的信仰；不要问个人的经历；不要问健康状况和家庭住址；不要问年龄；不要问婚恋情况；不要问收入状况。

2. 要告诉自己知道别人的隐私其实并不是一件好事。当我们掌握了别人的秘密就要一直为对方保守秘密。这个时候，我们就会承受莫大的心理压力。如果有一天这个秘密被别人知道了，对方就会怀疑是我们泄露了秘密，这时候我们就是跳进黄河也洗不清嫌疑。

3. 如果有人向我们诉说隐私，请用心对待，千万不要泄露对方的隐私。如果有人向我们诉说隐私，那就一定要用心对待，对方是因为相信我们才把隐私告诉我们。所以我们要尽量多给对方安慰或鼓励，有的时候甚至根本不需要做什么，只需要做一个安静的倾听者就可以了。听过之后就放在心里，不管有意还是无意，都不要泄露别人的隐私，更不要拿别人的隐私当作谈资，要对得起别人的信任。

4. 无意间了解到别人的隐私时一定要第一时间解释清楚。当我们无意间接触或了解到别人的隐私时，一定要在第一时间解释自己是无意的，还要向当事人保证自己绝对不会将这些信息传播出去。

5. 强化责任与信誉意识，为亲人、朋友保守秘密。责任可以保证隐私的安全，信誉则体现了对他人的忠诚，只有责任和信誉才能为我们的隐私构筑安全的防火墙。

用细节去感动别人

三个月前，康康通过相亲认识了现在的男友，其实相亲之前她是抱着应付的心态去的，因为心里实在是有点抵触相亲。可是她和男友吃饭那天，男友很绅士地为她拉凳子，还特意点了她爱吃的菜。康康很奇怪，问他第一次见面怎么会知道自己爱吃这些菜，男友说自己很重视这次见面，所以专门向媒人打听了她喜欢吃的菜。她一看男友这么重视自己，还挺感动的，心想既然人家这么尊重自己，那自己也不能应付，所以很认真地和对方交流。

吃过饭之后，男友说时间还早，要不要一起走走，她因为对男友印象还不错就同意了。两个人一起散步时，男友很自然地走路的外侧，而让她走路的内侧，这个小细节让她非常感动，因为她知道对方这样做是在保护自己，让自己处于安全的状态。

就是这些小小的感动让她决定继续和男友接触看看，结果在后来的日子里男友带给她越来越多的感动。虽然都是一些小事，可能他自己也并没有在意，不过这些细节上的感动却让她认定男友是真的爱自己，比如，她和朋友聊天时随口说一句喜欢什么衣服，说完她马上就忘了，可男友会省吃俭用攒钱给她买；她在无意中说自己怕黑，很怕一个人走夜路，男友就坚持每天晚上送她回家；两人一起爬山时男友总是紧跟在她身后，下山时又会走到她前边，提醒她注意台阶；等等。

于是，他们很快确定了恋爱关系，现在已经开始商量结婚的事了。

平凡的细节往往更能打动人心。人们真正能够记住的东西，有时候只不过是一个微不足道的细节，而细节最能触动我们心底那块最为柔软的地方。

生活中虽然绝大多数细节我们是记不住的，但还是有一些细节会深深地打动我们、影响我们，改变或决定我们对人与事的态度和看法。细节在生活中发挥着非常重要的作用。它可以塑造一个人的美好形象，成就一段美好的人生。可是现在有太多人并不重视细节，想做大事的人很多，想把小事做好的人却越来越少。很多人都有心浮气躁、浅尝辄止的毛病，这样是没有办法将细节做好的。那么，在现实生活中我们该如何重视细节呢？

1. 重视细节要从小事做起。在生活中，看不到细节抑或是不将细节当回事的人，对工作自然也不会认真，对所做的事情通常都是敷衍了事。而重视细节的人不仅会认真地对待工作，将小事做细，还可以在做细的过程中找到新机会，从而走上成功的道路。

2. 认真对待每一次训练或练习。平时要认真对待每一次练习或训练，只有这样才能在重要场合镇定自若、正常发挥。贵在坚持，如果我们能够一直坚持做好每一件小事，不半途而废，就能更好地培养出注重细节的习惯。

3. 对小事也要倾注全部热情。要倾注自己的全部热情去对待每一件小事，不要计较它是多么“微不足道”。这个时候，我们会发现自己每天平凡的生活是如此美好、充实。

4. 努力改变粗心大意的毛病。很多时候我们没有重视细节，并不是说我们觉得细节不重要，而是不知道该怎样改掉粗心大意的毛病。也就是说，我们要想重视细节，最好将某个细节当作一件非常重要的事情来对待，如某个人让我们提醒他做一件事，如果我们怕自己忘记，最好制定一份备忘录，并时常在脑海中想着这件事。在心里反复提醒自己该做些什么，要怎么做，时间长了，我们也就养成习惯了。

5. 向优秀的人学习。我们总是在不断地与他人接触的过程中，发现自己身上所存在的问题。我们应该认真地向优秀的人学习，将该做的事情踏踏实实地做好，不要忽略细节，并尽力缩短彼此之间的差距。

6. 换个角度思考问题。很多事在我们看来可能不太重要，但对别人来说是无法容忍的。比如，我们把自己的卧室搞得乱七八糟，虽然自己觉得无伤大雅，但别人可能会觉得我们不爱干净，甚至会觉得我们素质低下，所以在做事的时候要换个角度考虑问题。

7. 凡事先思而后行。当我们想到一件事的时候，会因为一时的兴趣或冲动而马上去做，可在进行的过程中会发生很多问题，甚至还会遭受重大的损失。因此，我们在做事之前一定要先进行周密的思考，想想自己这样做是不是正确的，具体该怎么去做，怎样做才能够避免不必要的失误，将种种问题都考虑清楚后再采取行动。

8. 培养自我控制的能力。能够自我控制的人才能做到不为外界环境所左右，从而静下心来关注细节，做好小事。

9. 严格对待自己。要严格要求自己，每天都要做好工作计划，准备好备忘录，争取每件事都能严格按照要求完成。

讲动听的故事

张全从小就喜欢听别人讲故事，长大之后他也愿意给别人讲故事，因为他觉得那些给别人讲故事的人很有魅力，他也想做一个有魅力的人。可是，虽然他总是很热情地给身边的人讲故事，却没有几个人愿意听他讲，因为他有些口齿不清，别人有时听不明白他的话。最重要的是他没办法把故事的来龙去脉叙述清楚，经常让人听得一头雾水，时间长了自然就没人愿意听他讲了。

有一次，他在火车上给对面坐着的老师讲故事，老师耐心听完他讲的故事后，对他说："说实话，你讲的故事并不好听。"然后仔细地给张全分析了他所存在的问题，又告诉他具体该怎么改进。

张全对老师表达了感激之情，从此以后就按老师说的先认真练习发音，努力做到字正腔圆，然后努力复述故事，争取把故事讲明白，最后自己改编故事、创作故事。就这样他讲的故事越来越生动，有越来越多的人喜欢听他讲故事。

会讲故事而且能把故事讲得动听，是一种能力。把故事讲好了，就可以让冰冷的数据与残酷的现实披上一层温情的面纱，甚至可以触及最强硬、最敌对、最有心机的人心底最为柔软的部位。

那么我们怎样才能将故事讲得动听，让身边的人都喜欢听我们讲故事呢？

1. 把讲故事当作一场表演，要让表演有足够的吸引力。我们在讲故事的时候，其实听众关注的不只是我们所讲的内容。他们还会从别的地方接收信息，如我们的手势、姿势、表情、语气、眼神、着装、步调等。他们甚至会从我们自己都不曾注意的细节上读懂一些信息，如我们的发型等。所以我们除了要保证自己所讲的故事通俗流畅外，还要注意在上面提及的这些方面花心思，争取将每个细节都做到最好，这样我们的"表演"才会对听众有足够的吸引力。

2. 重视面部表情。面部表情传递给听众的信息非常丰富，有时候一个表情可以代替三四句话，这样就可以大大地提高我们讲话的效率。我们可以将自己讲故事的样子录下来，在回放的时候将声音关掉，然后对画面中显示出的不足之处进行改进。通过这样有意识的训练，我们的面部表情将会为所讲的故事增加浓烈的感情色彩。

3. 保证故事的真实性。我们所讲的故事要想打动听众，最好保证故事的真实性。而要想保证故事的真实性，起码应该做到前后一致。要想做到这一点，就要事先做好准备，不要等到要讲故事的时候再进行调整。

4. 从微观层面开始讲故事。尽量避免宏大叙事，因为这样并不容易将故事讲得圆满，如在电影《大明劫》中，编剧只讲了医人者吴又可和医国者孙传庭两个人的故事，就将明朝末年国家与百姓遭受的劫难刻画得淋漓尽致。

5. 故事中不要设置太多人物。如果我们讲的故事有太多角色，听众很难将人物记全，又怎么能关注情节呢？不关注情节，那就必然不会被打动。

6. 故事应该有个有吸引力的开头。故事的开头应该生动且有吸引力，不要直奔主题，而是需要通过简单的询问或一两句简短的话来引出整个事件。此外，在讲故事的时候，要想办法引发听众的好奇与联想。

7. 重视与听众的互动。在讲故事的时候我们可以适当问听众一些问题，当然这些问题要和故事的内容密切相关，这样我们就会得到听众的回应。此时，我们的叙述就会变得更加有意义。

8. 把握好说话的节奏。讲故事时刻意放慢语速，能让听众更易留下深刻的印象。通常在叙述表达情绪的句子时可以这么做，比如，“再也没有见过比这更浪漫的景色了，如此优雅迷人”。

此外，讲故事的时候还可以适当沉默，让情绪酝酿得更加深沉，让整个故事充满张力，同时可以用来制造短暂的悬念或延缓结局。

9. 发音要做到轻重有别。我们在讲到形容词和动词的时候要在后边加重音，这样会让听众觉得更有趣。

10. 讲故事的时候可以适当自嘲。我们可以适当地谈论自己所做的糊涂事，让听众在我们的弱点上看到自己的影子，从而喜欢上我们。

11. 故事要量身定做。我们应该根据听众的职业、经历、知识水平、年龄以及当时的场合讲一个适合他们听的故事，只有这样，我们讲的故事才能让听众听进去。

12. 细节要具体。细节越具体，我们所讲的故事听上去就越真实、越特定化，听众也就越能够理解我们所说的话，他们也会越发投入。

Chapter 6

社交实战篇：人生无处不需用情商

平衡家庭和工作的关系

盼盼半年前生了个女儿，一开始初为人母的喜悦让她觉得很幸福，可等她休完产假回归正常的工作后她就不那么幸福了。原来她在休产假的时候就考虑到自己上班后谁照顾孩子的问题，于是和老公商量让婆婆来帮忙带孩子，顺便还能帮他们做做饭。

当时老公觉得妈妈年纪大了，现在来照顾孩子可能有点精力不济，就和她商量说能不能先暂时不工作，等孩子上幼儿园了再去上班。盼盼直接拒绝了老公的提议，理由是有了孩子后花钱的地方越来越多，如果她不工作，没有收入，老公的压力就会很大，一家人的生活质量也会受到影响。此外，盼盼还提出，如果她长时间不工作，那么很快就会和社会脱节，以后可能再也找不到好工作了，那自己之前的所有计划都会被打乱，人生也会因此而改变。

盼盼老公找不出过硬的理由反驳，只好给妈妈打电话看她能不能过来照顾孩子。虽然他妈妈的身体也不好，不过既然是照顾孙女，自然也不会说什么。

就这样盼盼去上班后，婆婆就住在他们家照顾孩子，可是很快又出现了新的问题。原来开始上班的盼盼工作起来非常忙，加班是常有的事，根本不能按时回家吃饭，这样一来孩子也没办法按时喝上母乳。此外，孩子经常半夜不睡，把她婆婆弄得睡不着觉，结果没多久婆婆就病倒了。

老人这一住院，孩子没人带了，饭也没人做了，无奈盼盼只好请假在家照顾孩子。可是工作很忙，又不能长时间请假，所以她很烦恼，她想到就算婆婆以后还能照顾孩子，但随着婆婆的精力越来越不济，恐怕也很难很好地照顾孩子。而且以后孩子上学了问题会更多，一想到这些她心里就很烦，心想怎么做才能把工作和家庭都照顾好呢？

工作与家庭对我们来说都非常重要，可是很多人没有办法处理好这两者之间的关系，结果出现了很多问题，有相当一部分夫妻因此而争吵，甚至离婚，有的家长将孩子的教育弄得一团糟，甚至给孩子留下心理阴影，从而影响了孩子与父母的关系，也有一些人因为很少有时间陪在父母身边，结果社会上出现了大量空巢老人，等等。

因此，如何平衡工作与家庭的关系是个很重要的问题。下面，我们来看看相关专家给出的建议。

1. 合理制定个人发展规划。我们要在社会中扮演各种角色，但由于时间和精力有限，我们不可能扮演好每一个角色。如果勉强自己，那我们在生理与心理上都会承受巨大的压力，从而出现力不从心的现象，时间久了，甚至会筋疲力尽。因此，我们必须对自己的人生做出合理的发展规划，懂得取舍，建立合理的生活目标。

2. 保持健康心态，妥善解决矛盾。生活中，我们也会因为摆不平家庭与工作的关系而产生冲突，要想解决矛盾就需要夫妻双方互相体谅，所有问题都得双方协调解决，不能只顾及自己的感受，不考虑对方的需要。要争取做到“两害之中取其轻，两利之中取其重”。

3. 充分利用时间。如果我们每天在车上的时间比较多，就可以在车上阅读文件或做一些不太重要的事情。此外，我们还可以制定一个日程表，按照自己实际的需要以及事情的轻重缓急对工作进行安排，这样我们就可以在更短的时间内完成工作，从而有更多的时间踏实地陪伴家人。此外，为了不浪费时间，要坚决对不重要的事说“不”，简化我们的生活，如扔掉不必要的东西、不要购买不必要的东西等。这样不但可以集中精力做最重要的事，还可以节省很多时间，多与家人待在一起。

4. 把握机会，多与伴侣沟通交流。很多人回到家后也会忙着工作，很少与伴侣沟通交流，时间长了自然容易出现问题。所以，我们尽量不要把工作带回家，在家的时候也不要聊工作，要将伴侣放在首要位置，多沟通交流，抑或是一起逛街、一起旅游、一起吃饭。还可以定时组织家庭聚会，不要让伴侣或其他家庭成员觉得在我们心中工作比他们重要。

5. 要及时调整自己的身份。我们在单位里可能是领导，但回到家以后就是丈夫、妻子或父亲、母亲。所以，我们在家里就不应该再扮演领导的角色，应该及时调整自己的角色并做好自己该做的事。

6. 不要一投入工作就忽视家人。就算工作的时候很忙，也要抽空问候一下家人，对家人不要吝于表达自己的关心。

7. 把自己照顾好。虽然生活很忙碌，但有些事我们还是必须关心的，如我们的健康。健康的身体是平衡工作与家庭关系的关键，如果没有一个好的身体，那么一切都无从谈起。

努力改变不良的生活习惯，如酗酒、抽烟、熬夜等，还要均衡饮食，谷物、蔬菜、牛奶、肉类等要搭配进食，限制糖与脂肪的摄入量。

坚持运动，每周三次、每次 30 分钟的有氧运动就可以了。如果我们想让大肌肉群得到锻炼，那就可以再进行每周至少两次的负重训练。

此外，定期进行体检，如果发现疾病要及时治疗。

欣赏并赞美自己的爱人

最近一段时间陈轼觉得自己的生活发生了很大的变化，没有以前那么枯燥、无聊了，而且他觉得自己也比之前开朗、自信了很多，这一切都源于老婆对他的赞美。

那天下班回家，老婆身体有点不舒服，就问陈轼能不能炒一下菜，这样的要求陈轼当然没办法推托，便下厨炒了几道家常菜。吃饭的时候，他以为老婆会说他炒的菜不好吃，因为毕竟他很少炒菜。可没想到老婆对他的手艺赞不绝口，说菜花炒得尤其好吃，比饭馆里的还好吃。

听老婆这么说，陈轼很高兴，因为已经好久没有人这么夸自己了，老婆这么一说，他觉得自己还是挺有价值的，而且说不定自己可以做得更好。更神奇的是，老婆夸了他之后，他突然觉得老婆比以前漂亮了，于是他就对老婆说："你今天很漂亮，而且笑起来很好看。"

老婆听他这么说也愣了，因为她已经有一段时间没听过老公夸自己了。从那天起，他一改之前的颓废，开始努力工作，并且积极地做家务，对老婆的赞美也越来越多了。后来他甚至在公众场合，如家庭聚会上称赞老婆，老婆当然也经常夸他。就这样，慢慢地，他的生活发生了改变，认识他的人都说他完全变了个样，他和老婆的感情也比之前好了很多。

有位哲人曾经说，爱情能够保持长久不衰的秘密在于互相欣赏。所以，夫妻之间如果想要长久维持如胶似漆的状态，就要学会欣赏并赞美对方的长处、优点或所取得的成绩。赞美爱人对婚姻来说有着非常重要的意义。

一项婚姻调查显示，那些贬低、否定伴侣的人，对自己与伴侣之间的亲密关系是不满意的；而那些肯定、赞美伴侣的人，对自己的婚姻生活十分满意。所以在日常生活中，我们应该多进行积极对比，用伴侣的优点与他人的缺点进行对比。比如，我们看到一个大男子主义的男生，就要想幸好我老公或男朋友不这样；我们遇到一个爱慕虚荣的女人，就要想幸好我的老婆或女朋友不这样。

此外，我们还可以将积极对比的结果告诉我们的爱人，时间长了，他们就会变得更加自信或自我感觉良好，反过来，他们对我们的积极对比也会多起来。如此，我们对彼此之间的亲密关系的满意度就会增加。此外，得到爱人的赞美会让我们的自我价值获得最充分的肯定，这个时候我们会增强对生活的信心。

还有一个非常值得我们注意的问题，那就是每个人都渴望得到肯定，如果我们不去欣赏、赞美自己的爱人，那我们的爱人在面对别人的欣赏与赞美时就会很容易失去抵抗力。所以在日常生活中，我们应该寻找一切机会对爱人进行赞美。对丈夫来说，如果妻子换了一个新发型，我们就可以在认真欣赏一番后说："这样显得年轻多了，而且挺漂亮的。"总之，要从我们的言谈举止中让妻子获得心理上的满足，因为对妻子来说没有什么比丈夫的赞美更有意义的了。况且，丈夫的欣赏与赞美还可以让她们在心理上确定自己的位置，获得自信，找到自己的价值。

对妻子来说，对丈夫的适度欣赏也能够促进夫妻关系。比如，当丈夫炒了一个不错的菜之后我们应该对其表示赞美，多说一些鼓励的话，这样他就会很高兴，还会对做菜产生兴趣。此外，他们还会从我们的赞美中获得心理上的满足，并体验到家庭的幸福。

对爱人的欣赏与赞美是多方面、多角度的，也就是我们的欣赏、赞美要有新意，不能总是一成不变，否则爱人就会觉得我们不是真心在赞美。

需要注意的是，欣赏与赞美的前提是善于发现，日常生活中我们要多关心爱人，这样才能觉察到他们身上别人不曾觉察到的长处与细微的进步。我们对这些长处与进步进行赞美，爱人就会获得最大限度的心理满足，因为他们知道我们是他们的知己，我们是真正关心他们的人。

远离手机，关心身边人

王军最近一直在为要不要远离手机这件事进行激烈的思想斗争，这让他挺痛苦的。理智上他很明白必须适度地远离手机，只有这样才能让自己得到想要的生活。可想是一回事，做又是另一回事，每当他按照计划坚持不拿手机的时候，就觉得很难受，像犯了烟瘾一样，最多坚持一天就不行了。

王军为什么想要远离手机呢？这源于他安排的一次聚会。原来王军小时候经常和姑姑家的表哥、表姐，还有表妹一起玩，所以大家的感情一直都不错。后来，大家虽然各有各的工作、家庭，不经常见面，但还是一直有联系。

前段时间，王军因为和他们有差不多半年都没见过，就联系了一下，大家提出一起聚聚。可没想到大家在聚会的时候除吃饭外，聊得很少，都在低头看手机，气氛搞得挺尴尬。当时王军就有点生气，不过没多说什么。回家的时候因为喝了点酒，所以坐地铁回家，他发现地铁上有90%的人都在低头看手机。这个现象让他开始反思自己的生活，结果他发现自己每天与手机“亲密接触”的时间远远超过了与家人、朋友沟通的时间，也就是说，自己的生活已经被手机严重影响了。他觉得因为手机，自己失去了太多时间与太多美好的东西，想到这里他就产生了远离手机的念头。

随着手机的普及，人们对它的依赖变得越来越严重，但是我们生活的很多方面都因为太过依赖手机而受到了负面影响。比如，因为花在手机上的时间太多，而与父母沟通交流的时间减少很多。这样一来，手机就变成了亲情传递的障碍。

太过依赖手机让我们与爱人的关系变冷、变淡。现在有很多情侣待在一起的时候默默无语，因为他们都在各自低头玩手机。时间久了，情侣之间就会变得互不了解，因为他们缺乏沟通交流，这样的婚姻或感情又能维持多久？

太过依赖手机让我们对孩子疏于照顾，这样一来我们就会和孩子感情疏离。

太过依赖手机对学生的学习也产生了不小的消极影响。现在有很多学生上课时不专心听课，偷偷看手机，一下课就戴上耳机听音乐，晚上回家的时候也是“机不离手”，用手机聊天、玩游戏、看小说，一直到很晚都不睡，结果第二天上课时精神状态非常差。

太过依赖手机对我们的身体健康也会造成不良影响。很多人因为长时间看手机而导致视力变差、颈椎疼。

那么，我们该如何打破对手机的依赖呢？

第一，找一个能够和自己一起娱乐或运动、学习的人，让他人对我们进行监督。有这样一个人给我们施加压力，每天提醒我们、督促我们远离手机，时间长了我们就会摆脱对手机的依赖。

第二，换一个非智能手机。只要我们能够下定决心，把智能手机换成非智能的普通手机，只能发短信、打电话，相信要不了多久，我们就不会依赖手机了。

第三，多参加团体活动。只要我们能够走出去积极地参加团体活动，我们就能渐渐摆脱对手机的依赖。

第四，在闲暇的时候关掉手机，多看一些纸质书，时间久了就能形成习惯，摆脱对手机的依赖。

第五，手机里不要安装游戏。现在有很多人依赖手机都是因为沉溺于手游，所以要想减少接触手机的时间，就不要在手机上安装游戏。

第六，减少手机上的社交软件。手机上的社交软件会耗费我们大量的时间，如微博、微信、QQ等，其实有些社交软件的功能是重复的，所以删去那些重复的软件，同类软件只保留一个就可以了。

第七，坚持做合理计划。如果我们的一天都过得非常充实，就不会有太多时间去玩手机。所以，应该坚持每天做合理的计划，最好在前一天晚上抽出一点时间，为第二天的工作与学习制订一个合理的计划并严格按照计划去做。

真爱需要“善意的谎言”

一个叫琼珊的女孩得了严重的肺病，生命垂危的她躺在病床上，看着窗外的景色。窗对面墙上的常春藤被寒风无情地吹着，不断有叶子飘落下来。这时她想，等到最后那片叶子落下，自己的生命也该结束了。

于是，她每天都望着窗外的树叶，人家问她在看什么，她就把自己的想法说了出来，大家都劝她不要那么悲观，可她只是笑笑不说话，眼神中充满了绝望。大家很清楚，如果窗外的叶子真的都掉光了，那她也就会失去生存的意志。

叶子一片一片地掉下来，琼珊的心情也越来越低落。等到只剩下一片叶子的时候，大家的心都提到了嗓子眼儿，生怕它太早落下来。可是奇迹就在这个时候出现了，那片叶子一直没有掉下来，琼珊觉得或许是上天不想让自己太早离开这个世界，于是她决定好好活下去，就这样她的人生重新燃起了希望之火。

从此以后，她积极地配合医生的治疗，每天都很快乐。就这样，她一点点地开始恢复，直到完全康复。

她出院后特意去看了看那片不掉的叶子，这时她才发现原来那根本就不是真的叶子，只是一幅画而已。她非常感动，很想知道是谁挽救了自己的生命。这个时候和她同一个病房的病友告诉她，是一个画家知道她的事情后，在一个晚上冒着大风，用画笔画了一片逼真的永不凋落的叶子，琼珊听了感动得流下眼泪。

生活中我们听到过很多善意的谎言，所谓善意的谎言，简单来说，就是出于某种善意的原因而说出来的谎言。它并没有恶意，讲这种谎言的人也不是为了自己的利益。

有人会说善意的谎言不还是谎言吗？我们不需要谎言，拒绝虚伪，一定要以诚相待，因为这样的感情才会长久。但是在生活中的某些时候，我们往往需要一些善意的谎言来抚慰痛苦的心灵，而这样的谎言是以减少他人痛苦为出发点的。

比如，当我们不小心弄坏了朋友的心爱之物，朋友会因为怕我们自责或尴尬而说“没关系”；当一个病人查出绝症，没有多少日子可活的时候，医生会安慰他没什么大问题；一个在外打工的人，为了不让家人担心而说自己在外边过得很好；等等。

善意的谎言拥有神奇的魔力，它可以让自卑的人顺利走出自卑的阴影，让他们充满信心地走向成功。善意的谎言是美丽的，它能够让我们重新燃起对生活的希望，确信这个世界上有真爱，从而能够更加积极地生活。善意的谎言是人们对事物所寄托的美好愿望，是人们彼此之间相互安慰的一丝丝暖意，是从心底流露出的温柔。虽然有时候我们明明知道对方在说谎，但我们还是会相信和感动。

所以，生活中需要善意的谎言，它是成功的保险与信心的源泉，它是一股无形的动力，可以带领我们走出黑暗，走向光明。

不要与人强行争辩

马云飞做人很较真，喜欢与人争辩，一件事、一个问题，只要他有不同观点就一定会提出，而且言辞刻薄，经常搞得人下不来台。因此，他没有什么朋友。

这天，马云飞和一个新认识没多久的朋友在一起聊天，他们聊到了一个物理问题，结果他大声反驳朋友的观点，说人家是不是根本没上过学，要不然怎么会有这么可笑的看法。朋友听他这么说，再也压不住怒火，就与他争论起来，结果两人吵得面红耳赤，最终谁也没能说服谁，两个人的关系也因为这场争论彻底破裂。

我们之所以说不要与人强行争辩，是因为这样做不但会伤害别人也会伤害自己。而且在生活中，对方的观点和我们不一样是很正常的事，我们不能要求所有人都和我们的观点一样抑或是认同我们的观点，更加不能通过争辩让别人屈服。可是生活中就是有一些得理不饶人的人，他们非要把对方批得体无完肤才肯罢休。其实这样的争辩是没有赢家的，就算对方真心认为我们的观点是正确的，也会因为被我们伤到了尊严而感到愤慨，这样一来双方之间的问题不但没有得到解决，反而加深了。况且有些心胸不是很宽广的人，日后有机会一定会展开报复行为，而且如果他们不是真心接受我们的观点，就一定会坚持己见。

因此，当纷争出现的时候，如果不涉及原则性问题，也就是说，如果不是大是大非的问题，一味地争出谁对谁错，是完全没有意义的。所以，我们应该认真地反思一下，在生活与工作中，我们是否将宝贵的时间浪费在了争吵上？是否凡事都要争出对错，经常得理不饶人？是否会在公共场合指出别人的错误，让人家下不来台？如果我们有过上面所提到的行为，那就马上改掉吧。

需要说明的是，避免争辩不是懦弱，而是一种智慧的表现。凡事都要争辩也不是强大的表现，它恰恰表示了内心的脆弱与心胸的狭隘。这样的人通过输赢来证明自己的价值与重要性，又是何其可悲。

因此，每当我们想与他人争辩时，一定要先问问自己，我们想得到些什么，是没有丝毫意义的表面胜利，还是获得对方的好感？如果我们想得到的是对方的好感，那就不要与其争辩。

下面，我们来了解一下生活中那些没有意义的争辩，我们应尽量避免这样的争辩：

1. 与无知的人进行争辩。美国前总统威尔逊的得力助手、财政部长威廉·麦克阿杜曾告诉身边的人一个重要的道理，那就是我们不可能用辩论击败无知的人，也就是说，不要与无知的人争辩。

确实是这样，如果我们遇到一个无知的人而与其争辩，就算我们把对方批驳得体无完肤，也没有丝毫的快乐。

2. 与和自己毫无关系的人争辩。如果同我们争辩的人与我们一点关系都没有，只是一个没有任何交集的人，与他争辩是毫无意义的。

3. 与眼界不一样的人争辩。每个人所生长的环境、生活的经历、所处的位置、观察问题的视角都不一样，所以大家对事物的看法也是千差万别，简单来说，就是眼界不同，观点也不同。我们与一个眼界不同的人争辩是没有结果的，正所谓“秀才遇到兵，有理说不清”，就是这个道理。因此，不与眼界不同的人争辩，放过自己也放过别人。如果我们非得和对方争辩，可能根本就讲不通，对方听不懂我们在说什么，也完全不认可我们的观点，到头来我们只能生闷气。

用适当的方式与人沟通

从前有个读书人家里没有柴烧了，他就到集市上去买柴。到集市后，他发现有个农夫在卖柴，就对他说：“荷薪者过来！”农夫不明白荷薪者是什么意思，但是听明白了对方让他过去，于是就挑着柴走了过去。

这时候，读书人问道：“其价几何？”农夫这次仍然不明白他说的是什么意思，但是他知道“价”是什么意思，于是就把价钱告诉了读书人。

读书人认真看了看柴，然后说道：“外实而内虚，烟多而焰少，请损之（你的柴外表是干的，里边却是湿的，烧起来肯定是浓烟大、火焰小，所以还是便宜点吧）。”这下子农夫完全听不懂他在说些什么，于是挑起柴就走了。

在现实生活中，沟通十分重要。家人之间需要沟通，朋友之间需要沟通，同事之间需要沟通，上下级之间需要沟通，合作伙伴之间需要沟通，企业与客户之间也需要沟通，甚至政府与民众之间都需要通过耐心的沟通才能妥善地解决一些问题。但是要想实现一次有效的、成功的沟通并不是一件容易的事，很多因素都会影响沟通的顺利进行，其中比较重要的就是沟通的方式。也就是说，我们在与人沟通时应该选择适当的、对方能够接受的方式，这样沟通才能进行下去，才会有效果。

比如，有的人有满腹的话想要对人讲，那我们与他沟通的时候最好少说、多听，只需要偶尔回应对方一两句，让对方知道我们在认真听他讲话，那他就会知道我们是尊重他的，从而对我们产生好感。这样一来，彼此的沟通也就比较容易成功了。

有的人内向、容易害羞，不善于面对面与人沟通，那么我们与其进行沟通时就要耐心一点。如果对方不习惯面对面交流，那就采用社交工具进行沟通，如微信、QQ，这样他们也比较好组织语言，等到互相熟悉之后，再见面交流。

而对于那些性格比较急躁的人，就不适合通过微信、QQ与其进行交流，因为他们没有耐心一个字一个字地打上去。他们想要的是面对面的交流，觉得这是最简单的沟通方式，能够将问题直接解决。

当孩子做错事或没有把某件事做好的时候，家长请不要对孩子进行指责式沟通，也就是说不要动不动就指责孩子，如“你从来都没有做对过一件事”“你怎么什么都做不好”等，仿佛这样说孩子就会听进去了。其实孩子对这样的指责是排斥的，这样一来我们所选择的沟通方式不但不会取得任何效果，还会让孩子情绪压抑，如果这种情绪长期得不到释放，就会对健康造成不良影响。

老板与员工进行沟通时不能只是一味地下命令，而是应该在接受他们的生活模式、思维模式、审美标准、价值观的基础上与其进行平等的对话。只有这样才能听到员工内心最真实的想法，从而进行最有效的管理。

所以，我们只有在日常生活与工作中深入地了解各阶层、各群体的行为习惯、性格特征，才能够找到适合对方的沟通方式。而只有采取适合的沟通方式，才能取得良好的沟通效果。

大声说出抱歉

赵成和孙康是同学，他们都在某高中上学，不同的是赵成来自农村，孙康来自城市。平时他们关系挺好的，经常在一起玩游戏、打篮球。这天，他们在打篮球的时候因为一点小事闹了点矛盾，平时遇到这种情况他们说两句也就没事了，可这天正赶上孙康被老师批评，心里一肚子火没法发泄，于是他不管不顾，完全把心里的火撒到了赵成身上。

赵成一开始不想搭理他，没想到孙康越说越来劲，说了很多刺激他自尊心的话，如“到底是农村来的，一点见识都没有，长这么大了，居然连省会都没去过，更别说什么大城市了”“天天穿得那么寒酸，我都不好意思和你走在一起”“都高中了，连个手机都没有，每次给家里打电话还得用我的手机，真好意思麻烦别人”。

听了这些话赵成心里很难受，也不想和他吵了，低着头一句话也不说就走了。周围的同学都觉得孙康说得实在有点过分，也都不愿意理他。同学们走了之后他也慢慢冷静下来，想起自己刚才对赵成说的那些话，越想越后悔，他认识到自己犯了错，如果处理不好很有可能会失去赵成这样一个好朋友。

想到这里，他决定马上给赵成道歉，于是他来到班里，走到赵成面前，大声地对他说：“对不起，我为自己之前说的胡话向你道歉，那不是我的本意，我知道自己错了。我真的不想失去你这个朋友，你能原谅我一次吗？”

同学们看到他这个样子都挺惊讶的，因为孙康平时是个很骄傲的人，现在能在这么多人面前给赵成道歉，看来是真的知道错了。赵成看他是诚心认错，气消了一大半，所以也就顺势原谅了他。

我们每天都会做很多事，接触很多人，总会有意无意地犯一些错。犯了错并不可怕，这很正常，就算是圣人也会犯错，因此只要发现自己犯错之后，能够主动承担责任，及时表达歉意，通常都会得到原谅。

可是在现实生活中，有很多人在做错事之后不愿意承担责任，相反他们会推卸责任，认为是别人的错，宁愿面红耳赤地去争辩，费尽心机地去寻找借口，也不愿轻轻地说一声“对不起”。这样一来，受到损失的一方怒气无法平息，伤口也会越来越深，最后只能是两败俱伤。

有人会说：“道歉不就是退缩吗？”尤其是在双方都有问题的情况下。其实道歉并不是退缩，我们道歉只是在为自己做错的事道歉，这是一种理智的忍让，是有素养的表现。只有学会了道歉，我们的人生才不会结怨，才会美好、幸福。

此外，我们不用担心道歉后对方会得寸进尺。试问，当别人真诚地向我们表达歉意后，我们还能狠下心来扇对方一个耳光吗？就算对方真的对我们穷追不舍，那也只是自失风度，舆论会慢慢转到我们这一边，因为公道自在人心。

那么道歉时需要注意什么呢？

我们的道歉必须是及时的，不要等到时过境迁再去道歉，那样的道歉其实已经没有太大的意义。道歉时必须态度端正，不能不当回事，比如有的人道歉时嘻嘻哈哈的，会让人觉得不是在真心道歉。此外，道歉时也可以送点对方喜欢的礼物。

道歉时要做到自尊自重，虽然自己做错了事，但并不意味着道歉时要低人一等。此外，如果我们觉得道歉的话说不出口抑或是有些话不知道该怎么表达，那我们可以写一封道歉信，或是发短信、打电话、一起出去吃饭都可以，只要彼此可以接受就行。

逃避不是办法

春秋时，晋国的赵氏灭掉了范氏，这时候有个人想要趁乱到范家偷点东西。他到范家之后看到一口用料上乘、造型精美的铜钟，心想一定可以卖不少钱，就决定把钟偷走。可是钟很大，他自己是拿不走的。想来想去，他终于想到把钟砸碎了，然后一块一块带出去。

可是，他刚用锤子砸了一下就发出了很大的声响，他很怕别人听到声音，来夺走属于自己的钟。这可怎么办呢？情急之下他捂住了自己的耳朵，这下子他发现钟声小了很多，然后慢慢就听不见了。他高兴极了，觉得把耳朵堵住不就听不到声音了吗？于是他找来两个布团堵住耳朵，然后开始卖力地砸钟。

可是，虽然他听不到声音，别人却能听到，附近的人听到钟声赶了过来，当场抓住了他。

偷钟的人不知道钟声是客观存在的，不管捂不捂住耳朵，别人都会听到钟声。有些客观存在的东西，如一些客观的问题、困难是不会以人的主观意志为转移的。所以不是我们不想面对、一逃了之就能解决的，不管我们是否想要面对，它们都在那里。逃避不能让问题消失，反而会让问题越来越复杂。

生活中我们总会遇到一些困难、坎坷或不顺心的事，面对这些问题，我们该怎样做呢？像那个偷钟的人一样选择逃避吗？还是直面困难和挫折，想办法解决问题？

其实，面对困难或坎坷时最直接、最有效的办法就是积极应对，认真思考解决问题的办法。如果一遇到困难就逃避，那我们不但会错过很多宝贵的机会，还会变成一个懦夫。试问，有人会尊重或喜欢一个遇事就逃避、不敢面对问题的懦夫吗？

此外，有些事情我们依靠自己的能力没有办法改变或是已经成了无法改变的事实，那我们能做的就是接受这个事实，做出积极的、乐观的反应，这才是正确的、可取的态度。

常怀一颗感恩之心

江革是东汉时齐国临淄人，他很小丧父，对母亲非常孝顺。后来遭遇战乱，江革背着母亲逃难，路上几次遇到强盗想要杀死他，他都苦苦哀求说自己死不足惜，但可怜母亲年纪大了，没有人奉养。强盗看他如此孝顺，不忍心杀他。后来，他带着母亲迁居到了下邳（今天的徐州市邳州市），他在那里为他人做工，用赚来的钱供养母亲，而自己则连一双鞋都不舍得买。

东晋时有个大孝子叫吴猛，8岁的时候就懂得孝敬父母。那时候，他家里很穷，没有蚊帐，夏天时蚊虫叮咬让他的父亲翻来覆去睡不着。于是，吴猛整晚不睡觉，赤着上身坐在父亲的床边，任蚊虫叮咬自己而不驱赶，以免蚊虫离开自己的身体去打扰父亲。

上面这两个故事讲的都是为人子女者对父母的孝心，是他们对父母养育之恩的回报，这其实就是一种感恩。感恩强调的是要感谢别人对我们的帮助并做出回报。中华民族很早就认识到了感恩的重要性，讲究“滴水之恩，涌泉相报”，同时也有“衔环结草，以恩报德”的古训。感恩是一种美德，是一个人最起码的道德素质，知道感恩的人懂得真善美，能够明辨是非。

我们在这个世界上生活承受了太多的恩情，父母的养育、老师的传道授业、伴侣的长久陪伴、朋友的友情、陌生人的无私奉献、邻居的帮忙照顾、大自然的馈赠、社会提供的发展环境和良好机遇，等等。这一切都需要我们去感恩，只有人人都懂得感恩，这个世界才能变得更加和谐、文明、温馨。但是如果大家都不懂得感恩，就会让热心人寒了心，人与人之间也会逐渐变得冷漠。

因此，我们应该常怀一颗感恩之心，学会珍惜与尊重，并且从中认识到我们每个人应该承担的社会责任。

当一个人学会感恩时，就会对自己的现状心存感激，对别人为自己所付出的一切心怀感谢和敬意，变得更加快乐和满足，并更加珍惜现在的生活。

当一个人常怀感恩之心时，内心会变得平和。我们会明白没有任何人是理所当然为我们付出的，人生是我们自己的，只有我们可以对自己负责。面对任何人给予的帮助，我们都应该真诚地感谢，而且不要因为一时一事的得失就苛责抱怨、斤斤计较。

所以，我们强调要有感恩之心。感恩其实是很简单的，有时候只需要一句轻轻的问候、一个善意的微笑、一次举手之劳就足够了。

学会分享

曾经有一位母亲问自己的三个儿子这样一个问题："如果有两筐桃子很容易腐烂，那怎么做才能让这些桃子一个都不被浪费呢？"

第一个回答该问题的是大儿子，他说："要赶紧把熟透的桃子吃掉，因为那些更容易烂掉。"结果母亲马上反驳说："可是等你把那些熟透的桃子吃完，剩下的桃子也烂了。"大儿子听了默默不语。

随后，二儿子思考再三后说："应该先挑刚熟的桃子吃，先把好的都吃了。"母亲又反驳说："如果按你说的那样，已经熟透的桃子很快就烂掉了。"

这时有些失望的母亲看着先前一直沉默的小儿子，想听听他的看法，就问："你有什么好办法吗？"

小儿子思考了一会儿回答说："我可以把这些桃子分一些给邻居，让他们帮忙吃，这样桃子很快就会吃完，不会浪费。"母亲听了之后很满意，这正是她想要的答案。

在生活中，当我们觉得幸福、快乐的时候，我们将这份幸福、快乐与朋友分享，于是我们得到了双倍的幸福、快乐。同样地，当我们将不幸或烦恼与朋友分享的时候，不幸或烦恼也会减半。

懂得分享的人是不会孤单的，愿意分享的我们永远不会孤军奋战，我们可以凝聚很多人的力量与温暖，快乐地朝着梦想前进。

此外，社会上那些能够获得成功的企业家大多是愿意与人分享的，很多著名的企业家都在回馈社会方面做出了巨大的努力。其中最具代表性的就是比尔·盖茨与巴菲特，他们将大部分财产拿出来成立专门的基金会，去帮助那些需要帮助的人，因此有无数人因为他们的分享而受益。

世界因为分享变得美丽，生命因为分享变得充实且充满激情。在漫漫人生长路上我们要学会分享，这样我们才能找到生活的乐趣，才会更加快乐。愿意与人分享能交到更多的朋友，而这样温暖的人生也是有价值的人生。

个人英雄主义的“现代不适症”

柳岱林小时候在爷爷家长大，总是跟着爷爷一起听那些长篇历史评书，从那时起他就想要做个英雄。后来稍微大一点，他迷上了读武侠小说，这时候他更羡慕英雄了，他觉得英雄受人赞扬、崇拜，做个英雄能让自己大出风头。

于是，他觉得自己要像英雄一样生活，所以在学校里他什么事都要争着表现，比如，课堂上他总是积极举手回答问题，休息时间也很少与同学交流，不是积极参加课外活动表现自己，就是埋头努力学习，为的就是能考个好成绩。那时候他觉得成绩好的学生就是英雄。

因此，他上学时成绩一直非常好，而且由于经常参加课外活动，能力也很突出，从小学到大学他都是学校的名人。可是同学们却并不喜欢他，不愿意和他交往，因为他不合群。他觉得和同学们在一起玩是浪费时间，所以总是独来独往。而且他很骄傲，觉得自己成绩好、能力强，根本看不起其他人，这种态度让同学们很受伤。

大学时，他和其他三位同学代表学校参加市里举办的大学生辩论会，最终获得了冠军。按理说这项荣誉应该是他们这个小团体的，可是他一直强调自己

的作用，还说要不是自己表现优秀，发挥出色，他们根本就不会得冠军，而且他还说那三位同学总拖后腿，结果他们因此大吵了一架。这件事过后，学校里再也没有人愿意和他一起参加比赛了。

整个社会，不管古今中外，对英雄都是赞美、颂扬的，我们在困难无助的时候也希望英雄出现。然而仔细想想，现代社会其实是不需要个人英雄主义的，个人英雄主义在当今社会是行不通的。为什么这么说呢？

首先，我们要弄清个人英雄主义说的是什么。个人英雄主义是个人主义思想的一种突出表现，其特点是爱出风头、居功自傲、夸大个人的作用，轻视团队的集体智慧和力量，将个人的作用摆在团队之上。下面我们再来简单分析一下为什么个人英雄主义在现代社会行不通。

人们之所以要组建团队，就是因为有很多事是个人完成不了的，只有组建团队才能更好地完成目标，这样也能反过来成就个人。所以一个人要想在现代社会获得良好的发展机会，身处融洽的工作氛围，依靠个人的单打独斗是很难做到的。

而从社会层面上来说，当今社会随着政治、经济、科技等各方面的迅速发展，人们参与公共事务的途径变得日益丰富。随着越来越多的人参与到公共事务中，导致公共事务变得越来越复杂，而依靠个人的力量是很难顺利处理或完成公共事务的。况且个人英雄主义也没办法解决当今世界所面临的一些大问题，如疾病、能源匮乏、全球变暖、经济危机等，这些问题必须依靠大家群策群力才能解决。

此外，从社会稳定发展的角度来说，当今社会强调的是互利共生、以和为贵，而主张个人英雄主义的人在当今社会则属于逆潮流而动，不仅会给社会的稳定与发展带来不良影响，个人也会被潮流所吞没。个人英雄主义在一定程度上已经脱离了团队，而脱离团队的后果是过分地相信自己所做的决断，进而很容易因为思虑不周而造成决策失误，从而给一个团体带来灾难性的后果。

从个人发展的角度来说，个人英雄主义并不意味着个人能力就一定很强，有很多人根本就没什么能力，但还是会觉得自己很牛，什么问题都能解决。如果无法正确地认识自己的能力，又过分地追求个人英雄主义，那无疑是一种病态行为。

不要自寻烦恼

古时候有个杞国人每天都在担心天塌地陷，很怕自己无处安身，因此吃不下饭、睡不好觉，烦恼得很，很快他就变得憔悴虚弱。

他的朋友看到他这种情况非常担心，找机会开解他说："天不过是集聚在一起的气体罢了，没有哪个地方是没有空气的，我们的一呼一吸、一举一动都在空气里进行，怎么还会担心天塌下来呢？况且就是塌下来也都是气体而已，有什么可担心的呢？"

杞国人听了又问："天如果是气体，那日月星辰不就会掉下来吗？"

他的朋友回答说："日月星辰也只是空气中会发光的东西，就算掉下来也不会伤害什么东西。"

杞国人又问："那如果地陷下去该怎么办呢？"

朋友回答说："大地只是堆积的土块而已，而且填满了四周，没有什么地方没有土块的。平常我们行走跳跃，整天都在土地上活动，怎么会担心陷下去呢？"

杞国人听了再也不担忧了，而且很高兴。朋友看到他高兴的样子也很高兴。

很明显，杞国人是在自寻烦恼。如今，很多人也像他一样自寻烦恼，为根本不会发生的事担忧、烦恼，甚至正常的生活都受到了影响。日常生活中，我们遭遇的烦恼有一部分来自外界，而绝大部分则来自内心，也就是我们自己想象出来的烦恼。比如，有的人认为这个世界或我们生活的社会很糟糕，有的人则是对一些根本不值得放在心上的事耿耿于怀，将其当成无法排遣的烦恼郁结于心，以致每天愁眉不展。

心理学家为了研究人们经常忧虑的烦恼问题，做了这样一个实验。他要求参加实验者在周日晚上将未来七天自己所有烦恼的事情写在一张纸上，然后投入烦恼箱中。三周之后心理学家将烦恼箱打开，让所有的实验参加者逐项核对自己所写下的烦恼，结果发现其中 92% 的烦恼都没有真正发生，而剩下的 8% 的烦恼也是可以轻松应付的。

随后，心理学家又要求实验参加者将记录自己真正烦恼的纸条投入烦恼箱，三周之后打开箱子逐一核对，结果发现绝大多数曾经的烦恼已经不再是烦恼了。

此外，心理学家对烦恼进行深入研究后发现：一般人所忧虑的烦恼有 40% 是属于过去的，有 50% 是属于未来的，只有 10% 是属于现在的。所以我们才说烦恼大多是自找的。

那么，我们如何才能不自寻烦恼呢？

1. 减少欲望。人之所以会烦恼，是因为自己拥有的太少，而想要的太多。欲望越多，烦恼自然也就越多。如果能减少欲望，那烦恼自然就会减少，等什么时候做到心静如水，自然就不会自寻烦恼了。

2. 学会忘记。有的人之所以会烦恼，是因为记性太好。那些该记的、不该记的全都留在记忆里，这样一来我们又怎么会不烦恼呢？所以我们应该将不需要记住的、不开心的事情全部忘掉。

3. 不要计较太多。不要因为看到别人过得幸福，自己就失落和压抑。有时我们看到的有可能只是表面现象，或许他并没有我们快乐。所以不要计较太多，不要总是拿自己和别人比，只要自己快乐就好。

欣赏并认可你的同事

宋真宗在位时，有一段时间王旦与寇准同朝为官，当时寇准觉得王旦能力不如自己，但是官位在自己之上，心里很不服气，所以经常在宋真宗面前指责王旦的缺点。当王旦在工作上有一点小失误时，他会毫不犹豫地报告给宋真宗。

而王旦对寇准却非常欣赏和认可，他觉得寇准在工作上兢兢业业，为人忠厚务实，绝对可以担当重任，于是多次在宋真宗面前称赞寇准的优点，认为他是大家学习的榜样。

宋真宗很好奇，问王旦："你经常称赞寇准，可是他却多次说你的短处。"王旦回答说："臣身居相位已经很多年了，工作上必然会有很多缺失，但是因为官位高，所以没有人敢指出我的过失。现在寇准对陛下说出这些，足见他是个忠正耿直的人，所以臣才会一再举荐他。"

后来寇准在外地担任要职，每次自己过生日的时候都大肆操办，服装和所使用的物品超过了应有的规格。宋真宗知道之后非常生气，就问王旦："寇准过生日按照皇帝的规格办，这样可以吗？"王旦听了慢慢地回答说："寇准确实有道德、有才能，不过有的时候显得很无知，拿他真的没有办法。"宋真宗听完马上明白了王旦的意思，就没有再过问这件事。

王旦晚年病重时，宋真宗让人把他抬入皇宫，询问谁可以在他之后担任宰相。王旦一开始并没有直接回答宋真宗的问题，只是说："知臣莫若君。"意思是先听听皇帝的想法。宋真宗没办法，就列举了几个人，可是王旦都不表态。最后，宋真宗坚持让他说出心目中的人选，于是他就说："以臣之愚，莫若寇准。"宋真宗说："寇准这个人性格刚直偏激，还有没有更好的人选？"结果王旦沉默以对。最终，寇准担任了宰相，这在很大程度上是因为王旦之前的推荐。

这些事情足见王旦对寇准的欣赏。对同事的欣赏与认可在当今社会是非常有必要的。我们每天起码有一半时间都在工作场合，从这个角度来看，对我们来说，同事与家人同等重要。如此，对同事表示欣赏与认可就显得尤为重要，这有助于我们与同事搞好关系。试想如果我们和同事相处得不好，不仅我们每天上班时会觉得不舒服，影响心情，还会对工作造成消极影响。

此外，只有懂得欣赏的人才能发现美，因为在他们的眼里世界是美好的，他们可以将别人的优点看得很清楚，只有这样才能天天感受到生活的乐趣。

欣赏还是一种互补，两个同事之间如果能互相发现并吸收对方的优点，改正自己的缺点，这两个人就能共同前进。相反，如果两个人只能看到对方身上的缺点，那这两个人只能变得越来越糟糕。

欣赏别人还是一种做人的美德。没有人能够一帆风顺，当他人遭遇坎坷或挫折时，我们的欣赏对他会是巨大的帮助，可以给其战胜挫折的勇气。

那么，我们该如何对同事表示欣赏和认可呢？

1. 要学会自知。我们必须对自己非常了解，能找出自己的不足，向同事学习，这样我们就在无形之中为自己找到了新的奋斗目标。而且只有有自知之明的人才能够摆正自己的位置，欣赏与认可同事。

2. 不要嫉妒。公司或团队中肯定有同事比我们优秀，这很正常。面对这样的同事，我们要宽容对待，不要嫉妒他们，如果我们容忍不了别人比自己优秀，我们的人生将止步不前，无法与同事愉快地相处。

3. 懂得提升自己。聪明的人在欣赏同事的时候也在悄悄提升自己，如改掉自己的缺点，努力弥补自己的不足之处。

4. 用肯定的话语对同事表示欣赏。当我们欣赏某个同事时，可以亲自对他说出赞美的话，也可以告诉其他同事自己对该同事的欣赏。

5. 用关心表达心中的欣赏与肯定。如果我们对同事很欣赏，但是又不好意思对其说出肯定的话，那么可以在日常接触中对其表示关心，如一句问候或递上一杯热茶等，这都代表着我们对他们的欣赏与认同。

浮躁心态要不得

一天下午，何方和朋友约在一家肯德基见面，他担心自己迟到，而且在家也静不下心，就带着笔记本提前去了。来到肯德基后，他发现距离约定的时间还有一个小时，于是在点了一份饮品后就直接到了地下一层，他觉得那里够安静，没有人会打扰自己。

坐好之后，何方觉得不能就这样白白浪费一个小时的时间，于是决定利用这段时间写一篇文章，写完之后如果还有时间就看看公众号推送的文章。可是当他打开电脑后却一丝头绪都没有了。

这让他非常烦躁，他就想既然没有灵感，不如先看看公众号推送的文章，可没想到这家店的无线信号很弱，虽然显示已经连接，却连朋友圈都没法打开。没办法，他只能放弃连接无线而打开了移动网络，可偏偏因为在地下一层，移动网络也没法覆盖到。

当他意识到在这里没法上网之后，马上变得烦躁不安，这时看文章和写文章对他来说好像变成了必须要完成的事。他马上端着饮品来到一层，想要找个位置，却发现此时店里已经座无虚席，只能失落地回到地下一层。

可是他根本没办法让自己安静下来，坐在那里一会儿试着连接一下无线网络，一会儿又试着连接移动网络，可结果都是一样的。不死心的他还不时到上边看看有没有空位，就这样来回折腾了几回，最终他也没能连上网、找到位置，直到朋友过来。

很明显，何方的心态是非常浮躁的。当今社会，很多人的心态都很浮躁，而且这种浮躁体现在社会生活的方方面面。比如，早上上班的时候大家开车一个比一个快，只要稍微一堵车，喇叭就按个不停，生怕耽误一点点时间；平时做工作，不肯踏踏实实去做，总是草草应付了事；很容易见异思迁，变得急功近利，频繁地换工作；等等。

浮躁的人总是想得太多、做得太少，而且不能做透、做久，他们没办法长时间地安静下来，做事没有耐心，总是在想着不劳而获。这样的心态会让我们没有办法真正做好一件事，而且会对我们的人生造成不小的负面影响，所以我们要想办法克服浮躁心态。

1. 遇事要认真思考。浮躁来源于内心的冲动。要想克制这种冲动，就要养成凡事认真思考的习惯，这样才能在遇到事情之后清楚地知道自己该如何应对，而不是急躁不安，抑或是什么都不顾由着性子去做。

2. 运动放松。当我们觉得自己很浮躁的时候，可以做一些轻松的运动，如跑步，让自己能够好好放松一下，急躁的心情也能得到缓解。

3. 杜绝浮夸，求真务实。平常在想问题、做工作的时候应该既有紧迫感，又要克服急功近利、急于求成的心态。我们应该脚踏实地，认真做好每一件事，杜绝形式主义与一切表面文章。

4. 不要爱慕虚荣。在生活与工作中，要耐得住寂寞，经得起诱惑，还要放得下名利，得意时不要喜形于色，失意时也不要怨天尤人。应该对自己进行认真的剖析，对别人也要正确地对待。要冷静地分析利弊，找准目标与现实存在的差距，让自己不断完善，最终超越自己。

5. 控制自己的欲望与追求。当我们羡慕别人比自己幸福、生活得比自己好的时候，心里就会有暂时的不安和烦躁。因为可能我们的能力是强于对方的，这个时候我们就会思考为什么会出现这样的状况。于是我们的心态慢慢发生了变化，会开始追求和攀比，这样一来我们就会变得越来越浮躁。所以我们要做的就是对自己的欲望与追求进行控制，尽量减少欲望与追求，这样就不会浮躁了。

6. 对自己的想法进行检查，将不切实际的想法丢掉。现在很多人的想法都远远脱离了实际情况，这种想法最好尽快丢弃，它们只能让我们变得浮躁，变得好高骛远。给自己订立一个小目标并努力实现，才是正道。

7. 尝试进行深呼吸。深呼吸可以让我们的身体平静下来，也可以帮我们缓解烦闷、紧张的情绪。当我们的心平静下来的时候，就能抑制自己暂时不去想那些使我们心浮气躁的事情。

冲动是魔鬼

张莜是某医院神经外科的护士，上周她因为和病人家属吵架，影响了医院的声誉而被开除了。整件事情是这样的：那天，一位病人做完脑部手术后，家人非常担心，就想找护士问问有没有什么需要注意的事项，当时正好是张莜值班，可她又困又累，心情很不好，所以病人家属提问的时候她有点心不在焉，不过回答的态度还算认真。谁知道家属一个问题接一个问题，最后甚至问到病人做完手术后能不能洗脚？

张莜心里想怎么会有人问这种问题，她就随口说了一句："你用脚想想，病人是头做手术，不是脚，怎么会不能洗脚，请不要问这么弱智的问题，浪费我的时间好吗？我很忙的，不像你这么有时间。"

家属听完之后就火了，觉得张莜在侮辱自己，于是两个人就吵了起来，后来竟动了手。当时有不少人在旁边，还有人把他们吵架动手的视频发到了网上，给医院造成了非常不好的影响，就这样张莜被医院开除了。

"冲动是魔鬼"这句话真的一点都不假，因为人在冲动时是没有理智的，而失去理智的人会做出很多蠢事。在现实生活中，有很多人都曾因为一时冲动而犯下大错，等他们清醒之后才追悔莫及。既然冲动如此可怕，我们又该如何克服呢？

1. 第一时间让自己冷静下来，6 秒钟之后再做出决定。心理学家研究发现，人的大脑中最为古老的边缘系统所主管的是情绪，而最晚进化出来的大脑皮层所主管的是认知。任何一件事发生了，边缘系统就会在第一时间产生一些情绪反应，如愤怒、恐惧等，大约 6 秒钟之后大脑皮层才能够做出认知处理，也就是说，冲动与理智之间相差了 6 秒钟。所以，当我们遇到让自己生气的事情，想要发脾气或动手的时候，一定要让自己冷静一下，深呼吸 6 秒钟再做决定。

2. 暗示、转移注意力。通常那些会让人生气冲动的事都是因为触动了自己的尊严或切身的利益，大多数人可能很难一下子冷静下来。所以当我们觉得自己的情绪非常激动，马上要控制不住的时候，可以及时采取暗示、转移注意力等方法让自己冷静下来。

比如，言语暗示："冲动是魔鬼""这事没什么大不了的，等一会儿再处理"等。还可以完全不理会当前的事，转而去做一些轻松简单的事情，如看电视、听音乐等。这样做可以转移注意力，让自己暂时不再想之前的事。

3. 冷静下来后思考有没有别的、更好的解决问题的办法。冷静下来之后，我们要认真思考一下对目前所面临的问题或矛盾来说，激烈的手段是不是唯一的办法，还有没有别的解决问题或矛盾的方法，如果有的话，又该如何去做。

4. 以旁观者的角度看问题。当局者迷，旁观者清。当我们遇到问题时，如果能够跳出当前的格局，以局外人的眼光、思维观察自己与局内人的处境以及状况，就能够保持冷静，避免因一时的冲动而做出让自己后悔的事。

5. 尝试着和自己说话。当自己特别激动的时候请试着观察一下自己，然后和自己描述一下眼前的情况以及自己的感觉，如告诉自己"我现在心跳很快，脸也很红""我气得心口疼"等。千万不要小看这些描述，它们可以帮我们分散注意力，从而让我们成功克制冲动。

做一个贴心的人

冯强和钱多多是一对恩爱的夫妻，他们是大学同学。在学校的时候，冯强只是钱多多众多追求者中的一个，当时根本没有人觉得钱多多会选择冯强，因为那时候的冯强除了会写几首诗外，并没有什么特殊的优势。

可是钱多多还是选择了冯强。很多人都不明白她为什么这么选，只是不好意思问她。在几年后的一次同学聚会上，钱多多的一个舍友喝醉了，当着大家的面问她："你当初怎么会选择你们家冯强啊？这真的很让我们疑惑。"

虽然舍友这么问有点不礼貌，但钱多多还是笑着回答说："很简单，因为我老公足够贴心啊，把我感动了。”

接着她就讲了几件冯强做过的贴心事，如下雨天总会拿着雨伞等着她，天冷的时候会提醒她多穿衣服，冬天当她要出远门参加考试的时候会起很早，站在公寓门口等她，然后把她送上车，等等。

想要感动一个人其实并不需要做什么轰轰烈烈、众人瞩目的事，我们只需要做一个贴心的人，做一些平凡的贴心事就可以了。那什么是贴心呢？贴心就是愿意去了解一个人的需要，并且能够用心记住，然后通过具体的行动来表达自己对这个人的关心。概括来说，就是先拿出自己的心，才能贴住对方的心。

那么，在日常生活中我们如何才能做到贴心呢？

1. 平时要多说一些爱人喜欢听的话，多哄哄对方，让他高兴。如果发现伴侣喜欢某件衣服，那就要千方百计鼓励对方去买。当然，这要根据自己的经济实力，但有时候也要看具体情况，钱永远不是最重要的，感情才是。

2. 要懂得为对方分担。在对方身体不舒服或心情不好的时候不要打扰他，就算是对方向我们发脾气，也不要放在心上，要理解他的痛苦。

3. 用实际行动表达爱意。在日常生活中，应该偶尔制造一些小浪漫，如搞一次烛光晚餐，抑或是来一次贴心的按摩服务，总之要多用行动来表达对伴侣的关爱。

4. 保持同理心。也就是说，自己经历过某种苦难，就不愿意别人再去经历这种苦难。如果我们没有这种意识的话，就不会去关爱别人，不会为别人考虑，这样一来自然就没办法做到贴心。

真正的贴心是发自内心的温暖关心。我们要将对方当成自己的一部分，在生活中关心周围与自己有关的人。

该放弃时要放弃

在印度的热带丛林中，当地人用一种很奇特的方式去捕捉猴子：在一个固定的小木盒里放上一些猴子喜欢吃的坚果，在盒子上方开一个小口，猴子的前爪刚好可以伸进去。猴子一旦伸爪去抓盒子里的坚果，不松开爪子是无法脱身的，但猴子的天性就是不愿意放弃已经到手的东西，所以它会一直抓着坚果。这样一来，猎人就会有足够的时间抓住它。

放弃并不是一件简单的事，它所需要的是冷静和勇气。学会适时放弃还需要极大的智慧，而不应像猴子那样被眼前的一点点诱惑所迷惑，以致失去了自由。

放弃并不是改变志向、放弃追求，恰恰是因为有了更好的、更合适的追求才会明智地选择放弃。明明知道不适合自己抑或是明知道没有希望，却仍然苦苦地坚持，这不仅没有任何意义，还会耗费大量的时间精力，甚至对我们的身心造成伤害，所以该放弃的时候就放弃吧。

不懂得放弃的人是很辛苦的，因为他们很有可能会背负沉重的压力，长时间被痛苦所困扰，还会失去更好、更多的机会。其实一条路走不通，去选另一条路就好了。

从这个角度来说，放弃其实是一种跨越，不放弃就没有办法吐故纳新，就无法摆脱心灵的桎梏。在适当的时候选择放弃，我们的人生才能更美好。

比如，放弃对权力的追逐，我们会得到宁静与淡泊，就像陶渊明一样；放弃对金钱无止境的追求，所得到的是安心和快乐，就像那些慈善家一样。一个什么都不愿意放弃的人，通常会失去更为珍贵的东西。所以适时放弃吧，背着包袱走路很累，只有放下一些包袱才能更好地前进。

此外，只有懂得放弃才能更顺利地赢得成功。每个人的能力有限，如果我们什么都想做，那只能什么都做不好。所以只有放弃那些自己不怎么擅长的事情，专注于自己擅长的事情，我们才更容易获得成功。

生活中，很多人都会说我也知道有些东西该放弃了，可心里就是放不下，所以

非常矛盾纠结。这个时候我们就要找到放不下的根源，看看自己是不是将某件东西看得太重了。其实任何东西都不是属于自己的，不管是人还是物，我们只是暂时拥有他们而已，如果缘分尽了，就算我们不想放弃，也还是会失去他们，所以不要太过执着。

有些事情我们放不下是因为曾经带给我们很多美好的回忆，所以我们才会念念不忘，不舍得放下。可是如果现在他们带给我们的是痛苦与烦恼，那我们还有必要一直坚持不放下吗？

还有些人或物我们放不下，是因为我们看不到他们带给我们的危害，就像温水煮青蛙一样，水温渐渐地升高，而青蛙毫无察觉，等到它察觉到危害已经太晚了。如果我们能一眼就看到有些人或物带给我们的危害，我们还会放不下吗？所以在遇到一个人或一件事时一定要认真观察、仔细思考，看看他们究竟是否会对我们造成危害，如果是，那就果断放弃。

学会原谅

唐朝著名的军事家、政治家、平定安史之乱的大功臣郭子仪是个宽宏大量的人。郭子仪因为屡立奇功而受到了大太监鱼朝恩的嫉妒，他趁着郭子仪率军在外作战时，偷偷派人将郭子仪父亲的坟墓挖了。这事发生之后，朝廷上下忐忑不安，挖人坟墓如同杀人父母，很多官员都担心手握重兵的郭子仪会在一怒之下举兵造反，到时候就会掀起一场腥风血雨。

等到郭子仪从外地回到朝廷，唐代宗忐忑不安地将郭家祖坟被挖的事情告知他，郭子仪流着泪对唐代宗说："臣长时间带兵，没有能够禁止士兵损坏百姓的坟墓，现在有人挖我父亲的坟墓，这其实是上天对我的惩罚，不是真的有人故意和我过不去，所以这件事还是不要追究了。"

后来，心虚的鱼朝恩请郭子仪到自己家吃饭，想看一下他是不是真的放下了这件事。这时候，宰相元载派人对郭子仪说鱼朝恩要趁此机会谋害他，于是郭子仪的很多部下都要求和他一起去。

可是郭子仪不同意这么做，他只带了十几个仆人前去赴宴。鱼朝恩看到后问他：“您怎么只带了这么点人？”郭子仪便将之前听到的话告诉了他。鱼朝恩听了感动地哭着说：“如果您不是宽厚的长者，能不起疑心吗？”从此之后鱼朝恩处处维护郭子仪，郭子仪也因此得到安宁。

有人说原谅自己或许容易，但是原谅别人真的太难，尤其是那些和我们有深仇大恨的人，我们又怎么能选择原谅呢？像曹操原谅张绣、郭子仪原谅鱼朝恩这样的事毕竟都是少数，普通人要想做到这一点，真的很难。

虽然做到这一点很难，但我们还是应该尽力去做。我们在社会上生活必然会与他人产生摩擦，这都是很正常的事。其实很多事不必太过于放在心上，如果我们不能原谅那些与自己有过矛盾的人，我们自己会活得很痛苦，因为我们没有办法忘却不愉快的记忆，这些记忆会停留在我们的内心深处，时时刻刻折磨着我们。更有甚者，如果我们不能原谅那些对不起自己的人，我们就只能活在别人的错误中，这样我们会变得没有朋友，生活也会没有阳光。

此外，我们还要原谅生活，原谅它让我们遭受各种不满意，如不满意的工作、不满意的家庭、不满意的朋友等。如果我们不能试着去原谅生活，一定会痛苦不堪，厌弃一切，根本没办法好好生活，所以还是选择原谅吧。

那么如何才能学会原谅呢？

1. 多站在别人的角度考虑一下问题。想一想如果自己做了对不起对方的事，对方又不肯原谅我们，那我们会不会很难受？还要想一想对方的错误是否值得原谅，他是不是为了求得你的原谅而表示出了应有的态度，如真诚地道歉。

2. 要多听听别人的故事。世界上不是只有你一个人被人对不起，还有很多人被人伤害过，既然别人都能选择原谅，那我们这点事又算什么呢？多听听别人的事我们就会释怀了，没有必要和自己过不去。

3. 多想想自己。难道自己之前就没有做过对不起别人的事吗？对方是不是原谅我们了？既然别人能原谅我们，那我们又为什么不能原谅别人呢？

4. 想想人生。其实生命并不长，难道我们非要把宝贵的时间纠结于别人的错误吗？那样太不划算了。

别忘了给自己留点余地

战国时，齐国孟尝君养了很多门客，其中有一个叫冯谖的门客因为没有表现出特殊的才能，所以并不受重视。

有一年，孟尝君想到自己的封地薛邑有很多放出去的高利贷很久都没有收上来利息了，就想派个门客去收债，大家都觉得这是一件吃力不讨好的事情，所以谁都不愿意去，于是他们推荐了冯谖。就这样孟尝君委托冯谖去收债，临走的时候冯谖问孟尝君要不要买点什么带回来，孟尝君就说家里缺什么就买点什么。谁知道冯谖到薛邑之后就把那些实在穷得还不起钱的百姓的债券一把火给烧了。

他回去后把这件事如实告诉了孟尝君，孟尝君听了很不高兴，问他为什么这么做？他回答说："您当初让我缺什么买什么，我仔细想了想，发现您除了'义'之外什么都不缺。您现在真正拥有的只有小小的薛邑，可您还不爱护那里的百姓，反而利用商人的手段剥削他们，这样一来他们又怎么会拥护您呢？所以我才会假借您的命令烧掉债券，为您买义，为的是将来能有条退路可走。"孟尝君听了不以为然，很不高兴地说："好吧，这件事就这样吧。"

后来孟尝君得罪了齐王被免除了相位，他带着家人回到薛邑。离那里还有100里路的时候就看到薛邑的百姓拿着酒食在路上迎接他。这时孟尝君对冯谖说："今天我总算看到了先生当初买义的道理。"冯谖说："狡猾的兔子有三个洞穴仅仅只能避免死亡，现在您只有一个洞穴，还没办法高枕无忧，请让我为您再开凿两个洞穴。"

于是孟尝君给了冯谖500两黄金、50辆车。冯谖来到魏国游说魏惠王说："齐王放逐了孟尝君，现在诸侯谁先任用他谁就能国富兵强。"魏惠王听后马上将相位空出来，然后派使者带着1000两黄金、100辆车到薛邑聘请孟尝君。冯谖先一步赶回去对孟尝君说："魏王让使者带着重礼来迎接您，齐王应该知道这个情况了，但是您不可以答应魏王的请求。"就这样魏国的使者往返了三次，孟尝君都坚决推辞不去。

齐王听说这个情况后很惊慌，马上派使者带着重礼以及自己的亲笔信向孟尝君道歉并请他重新担任丞相。这时冯谖提醒孟尝君说："您可以向齐王请求得到先王传下来的祭器，并在薛邑建立宗庙。"齐王同意了孟尝君的要求。薛邑的宗庙建成之后，冯谖对孟尝君说："现在三个洞穴都已经凿好了，您可以高枕无忧了。"此后孟尝君果然没有遭到一点祸患。

冯谖的一番运作让孟尝君处于进退自如的境地，这就是我们常说的做人做事要留余地。当今社会发展很快，我们根本没有办法准确地预测未来会发生什么，在这样的情况下做事留有余地，就能让我们有回旋的空间，将来万一有什么事情发生，我们还可以从容转身，进退自如。所以我们平时做人做事应该多思考，走一步看三步，给自己留好退路，这样才能立于不败之地。

我们还要懂得留一点好处给别人，便宜不可独占。如果我们总是想着独占好处，那最后我们将什么都得不到，因为没有人愿意与我们交往。

在竞争中也不可以做得太绝，要懂得给竞争对手留一条活路，因为谁都有运气不好的时候。我们现在给竞争对手留条路走，除了可以显示我们的宽容大度之外，万一自己以后遇到了难处、走了背运，对手也能留一条活路给我们走。所以，得饶人处且饶人。

给别人留余地其实也是给自己留余地，我们给别人留条路，自己也会多条路走。不让别人为难，也就是不让自己为难。让别人活得轻松一点，自己也就能轻松一点。

图书在版编目(CIP)数据

提高情商的100种方法：简单高效的高情商训练课 / 白丽洁著. —2版. —北京：中国法制出版社，2021.3

ISBN 978-7-5216-1671-2

Ⅰ. ①提…　Ⅱ. ①白…　Ⅲ. ①情商—通俗读物　Ⅳ. ①B842.6-49

中国版本图书馆CIP数据核字（2021）第029507号

策划编辑：陈晓冉（chenxiaoran 2003@126.com）

责任编辑：陈晓冉　　封面设计：李　宁

提高情商的100种方法：简单高效的高情商训练课

TIGAO QINGSHANG DE 100 ZHONG FANGFA: JIANDAN GAOXIAO DE GAOQINGSHANG XUNLIANKE

著者 / 白丽洁

经销 / 新华书店

印刷 / 北京海纳百川印刷有限公司

开本 / 710毫米×1000毫米　16开　　印张 / 13.5　字数 / 162千

版次 / 2021年3月第2版　　2021年3月第1次印刷

中国法制出版社出版

书号ISBN 978-7-5216-1671-2　　定价：42.80元

值班电话：010-66026508

北京西单横二条2号　邮政编码100031　　传真：010-66031119

网址：http://www.zgfzs.com　　**编辑部电话：010-66071900**

市场营销部电话：010-66033393　　**邮购部电话：010-66033288**

（如有印装质量问题，请与本社印务部联系调换。电话：010-66032926）